纺织高职高专"十一五"部委级规划教材

纺织品CAD应用实践

邓中民　主编
潘鄂菁　孙俊　沈细周　副主编

中国纺织出版社

内 容 提 要

本书是以“纺织品 CAD 应用系列软件”为基础编写的，综合地介绍了纺织品 CAD 的基本知识，纺织品 CAD 的程序设计方法。系统地阐述了机织物简单组织 CAD、复杂组织 CAD 和纹织 CAD 软件系统的产品设计使用方法等内容。详尽地论述了针织物纬编 CAD、针织物经编 CAD、羊毛衫 CAD 系统的工作原理、设计方法、软件功能和操作应用技能，以提高学生的实际应用能力。

本书可作为纺织高职高专教材，也可供从事纺织产品 CAD 软件应用与研发的专业技术人士学习、参考。

图书在版编目(CIP)数据

纺织品 CAD 应用实践/邓中民主编. —北京：中国纺织出版社，2008.1（2021.9重印）
纺织高职高专“十一五”部委级规划教材
ISBN 978-7-5064-4689-1

Ⅰ. 纺… Ⅱ. 邓… Ⅲ. 纺织品—计算机辅助设计—高等学校：技术学校—教材 Ⅳ. TS106-39

中国版本图书馆 CIP 数据核字（2007）第 165315 号

策划编辑：张冬霞　　责任编辑：王军锋　　责任校对：楼旭红
责任设计：李　然　　责任印制：何　建

中国纺织出版社出版发行
地址：北京市朝阳区百子湾东里A407号楼　邮政编码：100124
销售电话：010—67004422　传真：010—67155801
http://www.c-textilep.com
E-mail:faxing@c-textilep.com
中国纺织出版社天猫旗舰店
北京虎彩文化传播有限公司印刷　各地新华书店经销
2008 年 1 月第 1 版　2021年9月第3次印刷
开本：787×1092　1/16　印张：10.25
字数：172 千字　　定价：30.00 元

出版者的话

2005年10月,国发[2005]35号文件"国务院关于大力发展职业教育的决定"中明确提出"落实科学发展观,把发展职业教育作为经济社会发展的重要基础和教育工作战略重点"。高等职业教育作为职业教育体系的重要组成部分,近些年发展迅速。编写出适合我国高等职业教育特点的教材,成为出版人和院校共同努力的目标。早在2004年,教育部下发教高[2004]1号文件"教育部关于以就业为导向深化高等职业教育改革的若干意见",明确了促进高等职业教育改革的深入开展,要坚持科学定位,以就业为导向,紧密结合地方经济和社会发展需求,以培养高技能人才为目标,大力推行"双证书"制度,积极开展订单式培养,建立产学研结合的长效机制。在教材建设上,提出学校要加强学生职业能力教育。教材内容要紧密结合生产实际,并注意及时跟踪先进技术的发展。调整教学内容和课程体系,把职业资格证书课程纳入教学计划之中,将证书课程考试大纲与专业教学大纲相衔接,强化学生技能训练,增强毕业生就业竞争能力。

2005年底,教育部组织制订了普通高等教育"十一五"国家级教材规划,并于2006年8月10日正式下发了教材规划,确定了9716种"十一五"国家级教材规划选题,我社共有103种教材被纳入国家级教利规划。在此基础上,中国纺织服装教育学会与我社共同组织各院校制订出"十一五"部委级教材规划。为在"十一五"期间切实做好国家级及部委级高职高专教材的出版工作,我社主动进行了教材创新型模式的深入策划,力求使教材出版与教学改革和课程建设发展相适应,充分体现职业技能培养的特点,在教材编写上重视实践和实训环节内容,使教材内容具有以下三个特点:

(1)围绕一个核心——育人目标。根据教育规律和课程设置特点,从培养学生学习兴趣和提高职业技能入手,教材内容围绕生产实际和教学需要展开,形式上力求突出重点,强调实践,附有课程设置指导,并于章首介绍本章知识点、重点、难点及专业技能,章后附形式多样的思考题等,提高教材的可读性,增加学生学习兴趣和自学能力。

(2)突出一个环节——实践环节。教材出版突出高职教育和应有性学科的特点，注重理论与生产实践的结合，有针对性地设置教材内容，增加实践、实验内容，并通过多媒体等直观形式反映生产实际的最新进展。

(3)实现一个立体——多媒体教材资源包。充分利用现代教育技术手段，将授课知识点、实践内容等制作成教学课件，以直观的形式、丰富的表达充分展现教学内容。

教材出版是教育发展中的重要组成部分，为出版高质量的教材，出版社严格甄选作者，组织专家评审，并对出版全过程进行过程跟踪，及时了解教材编写进度、编写质量，力求做到作者权威，编辑专业，审读严格，精品出版。我们愿与院校一起，共同探讨、完善教材出版，不断推出精品教材，以适应我国高等教育的发展要求。

中国纺织出版社

教材出版中心

Foreword

前 言

本书以多年从事纺织品 CAD 理论研究与系统开发所积淀的科研成果为依托，汲取国内外该领域应用研究之精华，实用性强，重在使纺织类学生学会纺织产品 CAD 理论及应用与操作实践。通过学习，使读者对机织物和针织物组织结构及变化规律有较深入的了解；对纺织、针织花色组织的形成原理和设计方法有比较系统的掌握和运用，便于快速适应纺织行业企业和研究机构计算机产品设计需求。

“纺织品 CAD 系列软件”教学版是结合最新科技成果开发的适用于纺织品 CAD 教学的辅助软件，在讲授“纺织产品设计”、“机织工艺学”、“针织学”等课程时，能加深学生对所学专业知识的理解，调动学习积极性，提高教学质量。本教材配有光盘，教师可结合专业特点，采用多媒体教学手段，培养学生具有现代化纺织产品设计能力，使学生能够利用计算机快速优质地设计出多品种的纺织品来适应市场的快速变化需求。它是老师教学的好帮手，学生消化、巩固教学内容的好助手。

本书可作为纺织类高职高专、中专教学用书，也可供机织、针织行业工程技术人员、科研工作者和工人阅读，还可作为纺织培训班或技工学校教材。

本书由武汉科技学院邓中民教授主编，武汉科技学院潘鄂菁、武汉职业技术学院孙俊、广东纺织职业技术学院沈细周为副主编。参加编写的人员及其编写内容如下：第 1 章由武汉科技学院黄翠蓉、邓中民编写；第 2 章由安徽职业技术学院倪中秀、广东纺织职业技术学院沈细周编写；第 3 章由常州纺织服装职业技术学院贺仰东、广西纺织工业学校李红梅编写；第 4 章由武汉职业技术学院孙俊、武汉科技学院邓中民编写；第 5 章由武汉科技学院潘鄂菁、浙江纺织服装职业技术学院蔡中庶编写；第 6 章由武汉科技学院邓中民、潘鄂菁编写；第 7 章由浙江理工大学方圆、武汉科技学院邓中民、潘鄂菁编写。全书第 1 ~ 2 章由沈细周统稿，第 3 ~ 4 章由孙俊统稿，第 5 ~ 7 章由潘鄂菁统稿。全书由邓中民统编。

由于工作水平有限，书中不妥乃至错误之处在所难免，恳请读者直接向编者不吝指出，以便修订时更正。

编 者

2007 年 8 月

课程设置指导

本课程设置意义 随着计算机在各领域的广泛应用，采用纺织品 *CAD* 技术能够更快更好地开发纺织和针织花色产品，提高纺织企业在市场中的竞争力。本课程的设置使学生能够更快地掌握纺织品 *CAD* 设计技术和使用技巧，尽快适应纺织行业生产需求。

本课程教学建议 “纺织品 *CAD* 应用实践”课程作为纺织工程专业“现代纺织技术”、“纺织品设计”、“纺织品检测与经贸”、“针织工程与服饰”方向的主干课程，建议 *60* 课时，每课时讲授字数建议控制在 *4000* 字以内，教学内容包括本书全部内容。建议学时分配：

第一章	纺织品 *CAD* 基础	*6* 学时
第二章	机织物简单组织 *CAD* 系统	*10* 学时
第三章	机织物复杂组织 *CAD* 系统	*8* 学时
第四章	机织物纹织 *CAD* 系统	*10* 学时
第五章	针织物纬编 *CAD* 系统	*10* 学时
第六章	针织物经编 *CAD* 系统	*12* 学时
第七章	羊毛衫 *CAD* 系统	*4* 学时

本课程教学目的 通过本课程学习，学生应掌握机织物简单组织、复杂组织和纹织 *CAD* 系统使用方法和技巧，掌握针织物纬编、针织物经编、羊毛衫 *CAD* 系统设计技术和技巧，了解纺织品 *CAD* 常用编程方法。

Contents

目 录

第一章　纺织品 CAD 基础

本章知识点

1. 纺织品 CAD 开发环境。
2. 纺织品 CAD 组成。
3. 纺织品 CAD 程序设计。

第一节　纺织品 CAD 概述

一、概述

有关纺织品计算机辅助设计（以下简称 CAD）的研究开始于 20 世纪 70 年代末期，美国 IBM 公司首先研制成功了纹织工艺自动化系统，使提花织物生产过程中的花型设计从原来的手工方式设计、画图、冲版变为采用交互式的屏幕作图和自动冲版，实现了纹织工艺自动化，使得自动化设计在纺织行业的应用成为现实。经过 20 多年的发展，纺织品 CAD 已经渐趋成熟。纺织品 CAD 作为现代化高科技设计工具，因其简易的操作和对市场的快速反应能力而被纺织、服装、印染企业普遍使用。越来越多的厂家开始认识到它的价值，并逐渐用纺织品 CAD 代替传统的手工设计，从而大大提高了设计效率，缩短了设计周期，适应了目前纺织厂多品种、中小批量生产的要求，成为加速新产品开发，增强市场竞争力的有效手段。

与纺织品设计和生产有关的纺织品 CAD 涉及机织物、针织物、印染、服装以及刺绣等许多领域。

机织物 CAD 目前国内应用较多的系统主要有 NedGraphics 公司开发的机织物 CAD/CAM系统，既可用于大提花，也可用于小提花织物的设计；Info Design 公司开发的机织物、印花计算机辅助设计与计算机辅助制造（以下简称 CAD/CAM）系统提供了与多种织机相连的接口程序，可以直接用于织造；苏格兰纺织学院开发的 Scotweave 系统也同时提供了小提花设计和大提花设计的功能。另外，国内比较常见的系统还有美国的 PGM 系统与 GGT 系统、法国的 LECTRA 系统、韩国的 YOUNG WOO 系统、德国的 EAT 系统等，这些系统一般都应用于小提花织物的设计中。用于大提花设计的系统常见的有美国 JacqCAD MASTER 系统、比利时的 Sophis 系统以及日本的 TLS 系统等。除此之外，纺织品 CAD 还有 SKY、Stork、CIS、Jac 系列 Easytex 等，这些系统在国内的应用较少。

我国的纺织品 CAD 研究起步较晚，20 世纪 80 年代初，一些高校和科研机构陆续开展了机织物 CAD 的研究。随后不断扩大，并且推出了一系列可以用于指导工厂实际生产的 CAD 系统，比如用于小提花设计的 CAD 系统有中国纺织科学院开发机织物仿真软件、浙江理工大学开发的 IIS 织物 CAD 系统和杭州宏华电脑技术有限公司开发的 GGS 系统等；用于大提花设计的 CAD 系统有淄博宝铃纺织机电技术公司开发的宝铃系统、浙江大学光学仪器厂开发的 JWPCCS 系统和香港天虹电脑机械公司开发的 RB2LU 系列等。另外，香港富怡电脑系统公司开发的 Prima 系统和 Richpeace 系统，既可用于小提花的设计，也可用于大提花的设计。

目前国内外的机织物 CAD 远不止这些，但所有的机织物 CAD 都是基于机织物的设计过程来研究开发的。因而，各种 CAD 系统可能在某些特性上各有特色，但其基本组成和基本功能是相同的。

随着机织物 CAD 技术的不断成熟，目前的许多 CAD 系统在织物模拟功能上作了大量改进，表现在以下几个方面。

(1)机织物 CAD 不仅可以模拟简单的织物，经判断后也可以模拟一些复杂的织物。一些系统可以模拟由各种花式纱线织造的织物的表面效果；有的系统还可以模拟簇绒织物、毛巾织物的外观；采用纱线颜色变化技术，一些系统也能模拟出经纬纱同色织物的交织状态；有的系统还可以模拟表面有凹凸(如蜂巢状等)的织物。大多数系统可以模拟表面采用多种方法处理的织物外观，如织物经过起毛、起绒、起皱等整理后效果，尽量表现出织物的手感和纹理质地效果。

(2)国外 CAD 系统大多可以实现立体贴图的功能。所谓立体贴图是指将所选图案的织物贴在空间任意形状三维物体上，观看其效果。一些 CAD 系统还可以模拟织物的悬垂性能。这两项技术已经被广泛用于服装 CAD 的自动试衣系统和房间装修软件系统中，织物可以被贴在设计者指定的人体模型或者沙发、墙壁、桌子上，展示纺织面料的最终使用效果。

(3)有些 CAD 系统提供了设计密度变化织物的功能，筘齿穿入数可以变化，甚至可以空筘，这样就可以设计由于密度变化而产生疏密条子的织物。

目前，许多 CAD 系统都集成了工艺计算模块，即根据设计的组织和规格自动生成上机工艺，包括用纱量、总经根数、平方米重量、重量偏差、筘号、每筘穿入数等，可以直接打印工艺单，指导上机生产。有的 CAD 系统甚至不仅仅局限于工艺计算，而且还是一个工厂的管理系统，包括布机监控系统、质量管理系统、物料管理系统、成本管理和财务管理系统等。相当多的 CAD 系统设计的产品之间的信息可以交换，一些系统支持企业内部网络。

随着计算机软件、硬件的发展，以及 CAD 技术研究的不断深入，纺织品 CAD 的功能必将愈加强化，将以其方便、直观、节约等优势最终取代传统的设计工作。

随着计算机技术的不断发展，机织物 CAD 的界面将变得更加友好，使用更加方便。织物模拟范围将不断扩大，图像仿真程度更高。各种花式纱线和新型纱线的仿真模拟将进一步拓宽织物的设计范畴。三维图像将成功地模拟织物的质感(如蓬松感)以及纺织品的基本结构。色彩模拟逼真，并可实现显示屏、打印纸及最终纺织品之间颜色的一致，在订货过程中可以用打印的样品代替传统的纺织品布样。随着机织物 CAD 系统的发展，借助于最终产品模拟和成本计算模型，可使设计人员在开发产品的过程中兼顾费用和使用效果，能及时调整，减少设计的盲目性。最终产品模型即是纺织品最终应用效果的模拟，如显示织物的穿着或装饰效果。使用成本计算模型可使设计者立即看到原材料、机器设定和整理等各种方案的费用,这也是为客户提供即时信息的最重要工具。由此可见,随着机织物 CAD 功能的逐渐增强,设计人员的自由度也在不断扩大。

纺织品的计算机集成生产(CIM)是纺织品 CAD/CAM 技术的发展方向,纺织品 CIM 被认为是未来纺织厂的模式。现阶段一些 CAD 系统已经能够提供与纺织机械的接口,使纺织品 CAD 中的设计结果直接用于控制生产,比如电子提花。随着 CAD 技术的不断成熟,这种设计、生产集成化的程度将日益增高。同时纺织品 CAD 还逐渐扩展到市场分析、经营决策、销售和售后服务领域,包括纺织生产和库存管理、财务资源管理等全部运营活动。

现有的一些 CAD 系统已部分智能化,例如自动分色、自动转换意匠图、自动分析生产工艺等。随着计算机人工智能化的发展,纺织品 CAD 将能模拟人脑推理、分析能力,实现综合判断,提出最优的设计和工艺方案。

纺织厂通过计算机网络将生产过程中涉及的各个系统连接在一起,实现数据的采集、交换和共享,减少了数据的重复输入和输出,大大提高整个系统从定单、原料、设计、工艺到生产、供货全过程的效率,并提高产品质量,降低成本。纺织厂 CAD/ CAM 的网络化为 CIM 的实现创造了条件。同时,全球性网络化的形成使设计人员从根本上改变封闭的状况,纺织品设计人员、生产人员、销售人员以及最终的用户能通过 CAD 系统对纺织品的设计进行商讨,制订最佳方案,并且可以通过国际互联网采集最新信息,借鉴新技术,进行同行间的交流。

二、纺织品 CAD 开发环境

1. 硬件环境　由 16 位 586 以上计算机,高分辨彩色显示器(1024 × 768 以上),鼠标、键盘及彩色打印机组成。

(1)主机 Intel 80586—27Hz 以上,40 × CDROM 光驱一个,显示器 0.28 逐行显示。

(2)打印机型号:惠普 XL—300 型/EPSON Stylus COLOR 彩色喷墨打印机。

2. 软件运行及调试环境

软件编程采用国际最流行的面向对象程序设计语言 Visual C + + 语言编程,由于采用 C + + 的(OOPL)的封装使得该系统具有很高的可靠性和透明度,便于功能扩充、移植和软件维护。由于该系统具有类继承的特点,可悬挂在 WINDOWS 平台,便于继承 WINDOWS 的资源信息。

第二节　纺织品 CAD 组成

纺织品 CAD 分为机织物、印花制版、绣花、针织物等系统,为各专业服务的 CAD 都作为专用软件安装于计算机上。

一、机织物小提花 CAD

机织物小提花 CAD 一般是指用于色织厂、衬衫布厂、毛纺织厂等织造厂在普通织机和多臂织机上生产的小花纹或色织织物的计算机辅助设计。

在机织物小提花 CAD 中，设计人员只要在计算机上输入织物组织、纱线排列和纱线种类后，计算机能自动生成织物模拟图像。设计人员可以方便地改变织物组织、纱线排列，通过对织物模拟图上各种色彩的经纬纱线进行调色配色，在织物上机织造之前就能看到实际织造的结果，以达到辅助设计的目的，在很大程度上取代织物小样机的手工打样。

机织物 CAD 的主要功能有：

(1)能进行简单组织的平纹、斜纹、缎纹，可设计出的小花纹所需的散花排列、条格、透孔组织、凸条组织、网目组织，可进行二重组织、管状组织、双幅组织、表里接结组织、联合接结组织和表里换层组织等设计。

(2)能进行上机图、纹板图和穿综图设计。

(3)对纱线的粗细、色泽、捻向、捻度等进行设计及修改。

(4)根据组织与色纱配合的关系，可对织物外观进行计算机模拟并打印输出。

二、机织物纹织 CAD(大提花 CAD)

纹织 CAD 是用于大提花织物设计的专用软件，它利用计算机强大的计算功能和高效率的图形处理功能，改造传统的纹织工艺，实现纹织工艺自动化，主要用于床单、领带、提花织物等设计。

纹织 CAD 的主要功能有：

(1)对纹样可进行一次或多块扫描后再进行图案拼接。当确定纹样色数、经纬密度、纹针数等织物规格数据，就可显示意匠图效果。

(2)对组织图或图案可以进行任意裁剪、旋转、组合、接回头等图案编辑及纹样设计处理。

(3)意匠设计：进行勾边、间丝设计、辅助组织处理等。

(4)根据意匠图、纹板样建库，自动进行纹针和辅助针处理。

(5)按照纹版处理信息，用计算机控制自动轧纹板或直接控制经纱运动。

三、印花制版 CAD

印花制版 CAD 是利用计算机对织物印花图案进行设计或制作黑白稿，可代替传统的手工画稿、扫描、连晒、感光制版等。

印花制版 CAD 的主要功能有：

(1)可以利用画图编辑功能直接进行图案设计，可以将来样扫描输入，进行拼接、接回头等工艺处理。

(2)对印花图案进行拼色处理及修改处理，提高图像质量。

(3)根据不同要求可自动分色或手工分色。将图案花样每套颜色保存为单色稿或黑白稿，可制作胶片、制网，供圆网、平网、滚筒印花机印花。

四、绣花 CAD

对绣花花样计算机编辑，并将设计的花样格式转换为绣花机的针法，生成绣花机能够识别的纸带或磁碟，用于单头、多头电脑绣花机生产。

绣花 CAD 的主要功能有：

(1)具有多种花版输入功能，系统提供拉布补偿功能。

(2)系统可进行自动、手动、单针、圆弧针、插针及多种特殊针法设计。

(3)对花版可进行任意的移动、旋转、放缩、拷贝等处理。

(4)花版检查功能提供了实际刺绣所需的所有参数，设计的花版可直接输到绣花机，也可经纸带穿孔机轧孔或输出磁盘。

五、针织物纬编 CAD

针织物纬编 CAD 将针织线圈抽象成一个个方格，用规定的符号画在格内，以示织物线圈组织规律，然后在计算机屏幕上进行花型设计，经软件处理，转换为电脑提花针织机通用的数据格式进行生产。

针织物纬编 CAD 的主要功能有：

(1)可进行花型输入及修改。

(2)具有点、线、多边形等画图及缩放、拷贝、旋转等变换功能。

(3)可进行花型的配色、花纹图案四方连续的对位、织物模拟显示。

(4)可进行数据转换生成上机工艺单、双面织物的反面设计。

六、羊毛衫 CAD

可以计算出羊毛衫、羊绒衫等产品生产工艺数据，输出工艺图和工艺单用于针织横机生产。

羊毛衫 CAD 的主要功能有：

(1)毛衫款式设计。

(2)毛衫花型或美术图形设计。

(3)毛衫衣片编织二维效果模拟。

(4)工艺单计算。

七、针织物经编 CAD

运用针织物经编 CAD 的设计的过程是：设计人员首先画出花纹小样，然后通过扫描仪把花纹图案转移到计算机中，通过打版系统进行梳栉分配及原料选择，然后自动确定各把梳栉的垫纱运动，从而可以确定各把梳栉的花型数据。利用打版系统不仅可以进行花纹设计，而且能够进行织物效应仿真。并把这些仿真数据转换为机器能接受的信息，来直接对经编机进行控制。

针织物经编 CAD 的主要功能有：

(1)智能画图功能，十种地组织设计。

(2)梳栉复制，轨迹逼近，包边纱。

(3)对衬纬/压纱的花型自动排列、分析梳栉集聚。

(4)链块统计图、纱线层次图、排针图。

(5)打印花链工艺，并可成本核算。

(6)来样仿真设计，对来样图可自动生成梳栉横列图。

第三节　纺织品 CAD 程序设计

纺织品 CAD 的程序设计，是根据织物组织的规律性，对各类织物组织进行数学描述，建立相应的数学模型和计算方法，利用计算机强大的运算、存储、修改和抗疲劳功能，对织物组织和上机信息进行运算和处理，大大缩短纺织品的设计周期，提高纺织品设计质量。

一、织物组织结构设计及其编程

按照对织物组织的划分，织物组织结构设计的结构如下图所示。

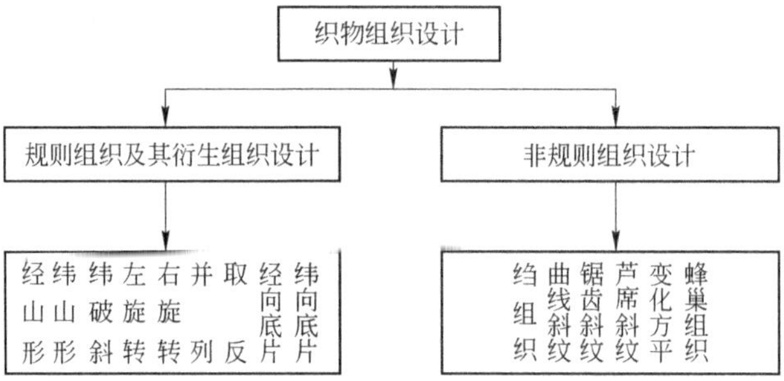

织物组织设计框图

根据上图，很容易用程序设计来实现织物组织设计的框架结构，然后可将每一功能编成程序模块，就可以初步构成一个织物组织设计系统。

在计算机编程时，通常使用数组来描述织物组织。在表达织物组织时，为了适合实际应用，仍用组织图的形式。这就需要用绘图语句编程。

以上，从总体设计到显示，讨论了与设计织物组织系列的有关问题，下面将致力于各模块的设计以及编程。

二、功能模块的设计

“模块”这个词是从计算机硬件术语转化而来的。在计算机硬件上，如果有个芯片，它能在一定的条件下完成某一特定的功能，则称之为“模块”。在编程中某一段程序能够完成组织的显示工作，称之为“显示模块”。

1. 规则组织设计模块　这一模块的任务是完成规则组织的设计，并且进行规则组织的衍生变化。每一衍生组织可以认为是该模块的一个子模块，它们各自完成一个衍生变化。

在程序编制过程中，如果采用人机对话的方式，计算机将首先询问用户所设计的组织是

什么,得到正确的回答后,再问飞数等一系列问题。由于:

$$Z=\frac{c_1c_3\cdots\cdots c_{v-1}}{c_2c_4\cdots\cdots c_v}$$

其中,Z 为织物组织,c_1、c_3、…、c_{v-1}表示经组织点的连续浮长,c_2、c_4、…、c_v 表示纬组织点的连续浮长,v 为交叉次数(偶数)。

为了便于计算,应当按 $c_1c_2\cdots$的顺序将 Z 装入一个一维数组中。

a. 现假设已输入了组织 Z 和飞数 f,并已求得纬纱根数 N_1,经纱根数 N_2,来分析为组织数组 $W(N_1,N_2)$赋值的程序。

b. 对于飞数 f,先判断 $|f|\leqslant N_1-1$,如果 $f<0$ 还应进行 $f=f+N_1$ 的转换。

实现这一功能的程序是:

```
main( )
{
int w[ N1 ][ N2 ];
for( i =1;i < =v;i + + ) scanf( "% d",&x[ i ] );
i =0;
for( j =1;j < =v;j + + )
for( k =1;k < =x[ j ];k + + )
{i + +;
if( j% 2 = =1)//j 为奇数
w[ N1- i +1 ][ 1 ] =1;
else
w[ N1- i +1 ][ 1 ] =0;
}
for( j =2;j < =N2;j + + )
for( i =1;i < =N1;i + + )
{if( ( i +f) >N1 ) w[ i ][ j ] =w[ i +f - N1 ][ j - 1 ];else w[ i ][ j ] =w[ i +f][ j - 1 ];
}}
```

这样就得到了规则组织的最初步的组织数组 w(间接输入法)。这一程序可以视为规则组织设计模块的雏形。

但是,只有数组 w,还不能明确地表现织物组织。为了做到这一点,再介绍一个对于所有组织通用的组织显示模块。

设已获得组织数组 w,其大小为 $N_1\times N_2$,并设组织图的左下角在坐标(6,180)处。

```
main( )
{int i,j,Jx =6,Jy =180,xc =8,yc =8;
for( i =1;i < =N2;i + + )
{
```

```
for(j=0;j<=N1;j++)
{if(w[i][j]==1)bar(Jx+i*xc,Jy-(N1-j+2)*yc,Jx+i*xc+xc,Jy-(N1-j+2)*yc+yc);
}}}}
```

(1)经山形子模块。经山形组织中,经纱循环根数为 $2\times N_2-2$,纬纱循环数为 N_2 处改变飞数,以第 N_2(或指定的 k_j)根经纱进行对称,从而实现经山形效果。

此程序转到组织显示模块,就可以显示出经山形组织图了。纬山形子模块可以参照经山形子模块编制。

此模块中,w_1,w_2 分别表示并列的两个组织数组。W% 表示并列后的组织数组。N_1,N_2 为并列后的经纬纱循环根数。N_{21} 为 W_1% 的经纱循环数(纬向并列作业)。

```
main()
{
for(i=l;i<=N2;i++)
for(j=l;j =Nl;j++)w[j][i]=wl[j][i];
for(i=l;i<=N2-2;i++)
for(j=l;j<=Nl;j++)w[j][N2+i]=w1[j][N2-i];
}
  }
```

(2)经破斜子模块。

```
main()
{
for(j=l;j<=N2;j++)
for(i=l;i<=Nl;i++)w[i][j]=wl[i][j];
for(j=l;j<=N2-2;j++)
for(i=l;i<=Nl;i++)if(w1[i][N2-j+1]==0)w[i][N2+j]=1;
}
```

(3)左旋转子模块。

```
main()
{
for(i=l;i<=Nl;i++)
for(j=l;j<=N2;j++)w[N2-j+l][i]=wl[i][j];
}
```

(4)并列子模块。

```
main()
```

```
{
for(j =1;j < =N21;j + +)
for(i =1;i < =N1;i + +)
w[i][j] =w1[i][j];
for(j =N21 +1;j < =N2;j + +)
for(i =1;i < =N1;i + +)
w[i][j] =w2[i][j -N21];
}
```

(5)组织取反子模块。即把组织矩阵中的 0 变为 1,1 变为 0。它的实际意义是:将组织图的经组织点变为纬组织点,纬组织点变为经组织点。

```
main ( )
{
for(i =1;i <n1;i + +)
for(j =1;j <n2;j + +)
if(w[i][j] = =1)w[i][j] =0;else w[i][j] =1;
}
```

2. 非规则组织设计模块

(1)变化方平子模块。对于 Z_1、Z_2 均以左下角为起始点,所以它总为 1。设用数组来表示变化方平的组织矩阵。可编程如下:

```
main( )
{为 w[i][1]和 w[N1][j]赋值
for(i =1;i < =N1 -1;i + +)
for(j =2;j < =N2;j + +)
if(w[i][1] = =w[N1][j])
w[i][j] =1;
}
```

此为变化方平通用子模块。凡是平纹变化组织均可借助于此模块来解决。

(2)曲线斜纹子模块。实际上依靠织物组织的飞数变化来实现某些外观上的曲线形状的。飞数的变换范围应当服从 $|f_{max}| < ML$, ML 是基础组织的最大浮长。

(程序略)

(3)绉组织设计。

①插入法(两个组织经纱按 1:1 比例,纬纱按 1:1 比例)。

```
main ( )
{
int w[2 ×N1][2 ×N2];
```

```
for(j=l;j<N2;j++)
for(i=l;i<Nl;i++){w[2×i-1][2×j-1]=wl[i][j];w[2×i][2×j]=w2[i][j];
}}
```

②重叠(叠加法)。

```
main()
{
for(i=l;i<Nl;i++)
for(j=l;j<N2;j++)
{if(w1[i][j]!=0||w2[i][j]!=0)w[i][j]=1;else w[i][j]=0;
}
}
```

三、配色模纹图设计及其编程

配色模纹图,表示了组织与色经色纬配合所得到的织物图案结果。在传统的设计方法中,织物的配色模纹图是画在意匠纸上的。如果要看一下该模纹图的整体效果,必须画出几个循环。但是这样一来,就使得模纹图的设计和描绘十分繁琐,而且仅能看到一个图案效果,不能看到织物的实际效果。因此利用计算机进行设计,就必须解决织物组织配色模纹图的产生、组织与色纱配合的多循环快速重复、实际效果模拟色彩产生及调配、绘图仪输出、打印机输出等一系列问题。

1. 配色模纹图产生模块 产生配色模纹图时,是按织物组织和色纱排列情况,将画在织物表面的经纬纱符号涂成相应的色经色纬颜色,关于配色模纹图产生的数字问题,前面已经讲过。假设组织图的经纱循环数和纬纱循环数分别与色经循环数和色纬循环根数相同。若不相同时,用最小公倍数解决。该组织数组为 $w(N_1,N_2)$,色纬数组为 $C_1(N_1)$,色经数组为 $C_2(N_2)$,C_1 和 C_2 数组元素为色彩码,用 G 表示配色模纹数组。

```
main()
{for(j=l;j<=N2;j++)
{for(i=l;i<=N1;i++)
{if(w[i][j]==l)G[i][j]=c2[j];esle G[i][j]=c1[i];
}
}}
```

2. 配色模纹显示模块

```
main()
for(j=l;j<=N2;j++)
for(i=l;i<=N1;i++)
{if(w[i][j]==l)G[i][j]=c2[j];else G[i][j]=c1[i];
```

```
dc. FillSolidRect(I0 +j * XC,J0 +i * YC,XC,YC, (G[i][j]));
}
```

四、上机图设计及其编程

1. F、D、S 三者之间的相互转换问题　假设 F 为组织图矩阵,D 为穿综图矩阵,S 为纹板图矩阵,则:

```
main ()
  {
for(k =1;k < =N3;k + +)
for(j =1;j < =N2;j + +)
{if(D[N3 - k +1][j] =1)
for(i =1;i < =N1;i + +)S[i][k] =F[i][j];
  }
}
```

2. 织物与色纱配合显示模块　在配色模块中,一般是对图案和彩色进行操作。组织与色纱配合显示模块的主要作用是将当前操作的配色模纹图所用的组织及色经、色纬的色号及它们的配色方式显示出来。

3. 多循环快速重复模块　为了让用户更快更方便地看到自己设计的配色模纹图,这一模块的目的是把一个单独配色模纹循环图向水平和垂直方向扩展,以便更准确地判断图案的整体效果。这一模块只需要将一个模纹图按一定的规则排列即可。

4. 真实效果模块　这一模块可以让用户看到,当自己的设计的模纹图织成布后的标准真实效果。如果计算机的显示器的分辨率足够高,就可以根据织物纱支和密度来显示。这样的显示结果,逼真可信,酷似真实布样,可以为设计人员提供参考,以决定该布样织成后是否受欢迎。如果计算机显示器的分辨率不够高,则可以用像元显示,这样显示虽不能按纱线线密度和织物密度变化,但也可以看出配色模纹的标准真实效果。

思考题

1. 纺织 CAD 系统的软件和硬件由哪些部分组成?

2. 简述纺织品 CAD 程序应用的范围。

上机实验

1. 用程序实现组织的作图。

2. 用程序实现组织左旋转 90°,左右旋转 90°。

第二章　机织物简单组织 CAD 系统

本章知识点

1. 各类简单组织、变换组织、小提花组织的特点及计算机生成方法。
2. 上机图、配色模纹图建模及计算机设计方法。
3. 用计算机进行产品设计工艺计算。
4. 边字设计方法，纱线仿真建模方法。

第一节　软件功能系统介绍

为了使操作计算机不够熟练的织物设计人员能方便地应用机织物简单组织 CAD 系统，其用户界面采用下拉式立体菜单。这种菜单界面友好、直观，使用者易于掌握，具有菜单导航功能，使用户在各功能间方便的切换，更有利于操作。系统包括设计组织图、上机图、纱线配色、纱线线密度设计以及总体效果显示等内容，如图 2－1 所示。

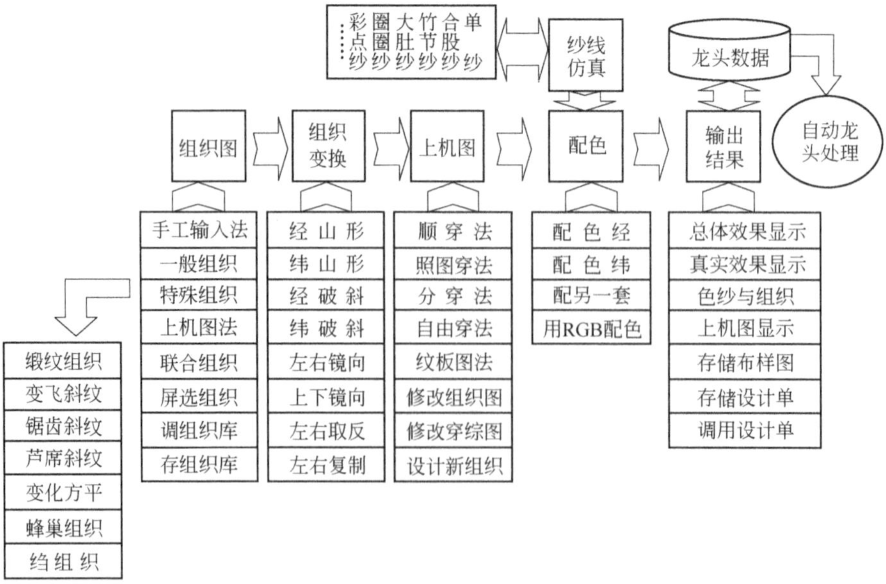

图 2－1　简单组织功能图

1. 数据文件的编制存储和读出（存储组织图库） 简单组织 CAD 系统具有自动编制数据文件的能力，在该系统上完成一个织物设计以后，可以将有关数据存储在软盘或硬盘上，在需要时读出数据重显模拟图像。用户一旦选择"打开组织库"，屏幕上立即弹出窗口并显示库中所含的各组织文件名，如一次显示不完，可借助鼠标或键盘，翻页查询，用户只要指定已登录的组织名，就可选中该组织图。

2. 数据文件的查询（编制，存取） 为便于文件的存储与读出，系统具有主动编制数据文件的功能，系统的数据文件管理采用二级文件管理，使文件管理井井有条。

3. 具有多功能打印功能 系统可自动打印出工艺总设计单、组织图、上机图，并可将设计人员选定的理想模拟小样，通过彩色打印机打印出来。

4. 钢板图自动编排 系统具有钢板图自动编排的能力，用户可以从数据文件中读出纬纱的排列数据，或即时输入新的纱线排列数据。系统可以根据设计人员指定的梭箱配置方式（1×2，2×2，2×4，4×4）及左右手车，或计算机自动安排的最佳梭箱配置迅速地完成梭箱钢板的编排，并在屏幕上显示出梭箱链图。

第二节　简单组织设计

生成织物组织图的方法一般有以下几种。

（1）由手工输入法生成组织图。

（2）由穿综图、纹板图生成组织图。

（3）调用组织库图形，合成生成组织图。

一、建立生成织物组织图

根据所要设计的织物结构的特点，在"求组织图"中应选择适当的方法：

1. 手工输入设计 对于不规则的织物组织，选用"手工输入"设计。

2. 其他方法设计 对于有一定规则的织物结构组织，选用"求组织图"中的其他方法设计。

一般组织包括平纹组织、斜纹组织及其变化组织、缎纹组织。变飞斜纹组织、锯齿组织、芦席斜纹、变化方平组织、蜂巢组织、绉组织等则利用特殊组织构成。对于组织图比较复杂，而穿综图、纹板图较简单的织物，选上机图法，即先求出组织图，再选纹板图法。此时，计算机先把组织图转化为纹板图，再手工输入穿综图，并自动生成组织图。

3. 组织图参数输入

（1）手工输入法。鼠标输入后屏显，屏显如图 2－2 所示。先输入经纱和纬纱的循环数，单击鼠标左键可实现组织点的点动输入或按住左键拖动不放实现连续输入。输入错误时，再

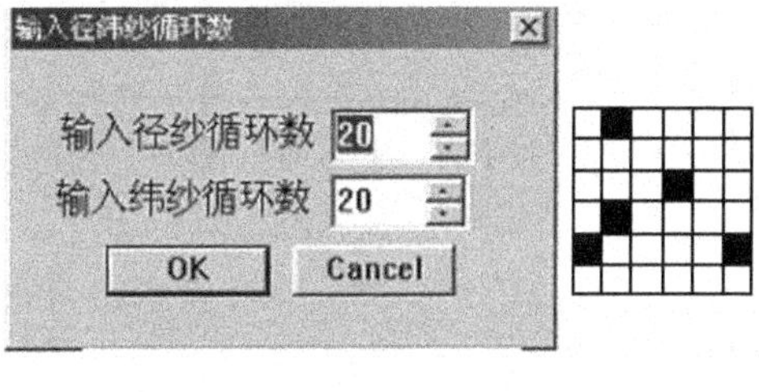

图 2－2　手工输入法对话框

次点击即可取消该组织点。

（2）一般组织。先选定交错次数（必须为偶数），再选择组织规律和组织飞数，即可生成组织图。一般组织输入法如图 2－3 所示。

（3）缎纹组织。先输入纱线循环数 R 和组织点飞数 S，再选择经（纬）面缎纹即可得到所需缎纹组织。缎纹组织输入法如图 2－4 所示。

（4）变飞斜纹组织。先输入一般组织，再输入经纱循环数以及每根纱线的变飞数值即可。注意各飞数之和必须等于零或等于组织循环数的整数倍。变飞斜纹组织输入法如图2－5所示。

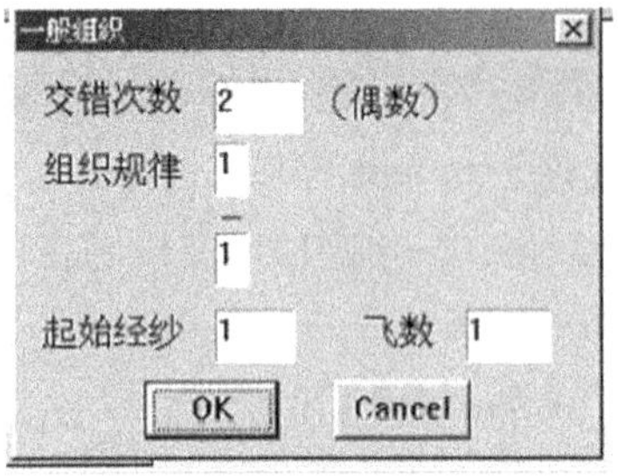

图 2－3 一般组织参数输入

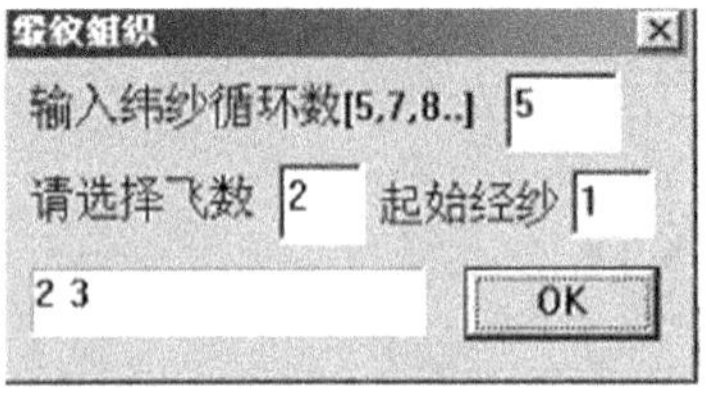

图 2－4 缎纹组织参数输入

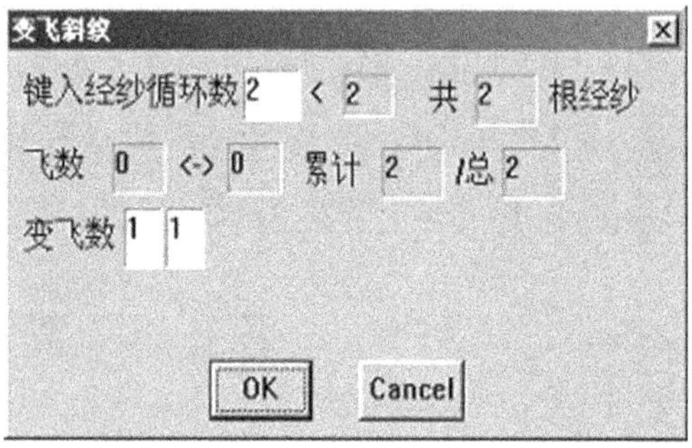

图 2－5 变飞斜纹组织参数输入

（5）锯齿斜纹。输入交错次数、组织规律、组织飞数、锯齿飞数和锯齿长度，即可得到锯齿斜纹的组织图。锯齿斜纹组织输入法如图 2－6 所示。

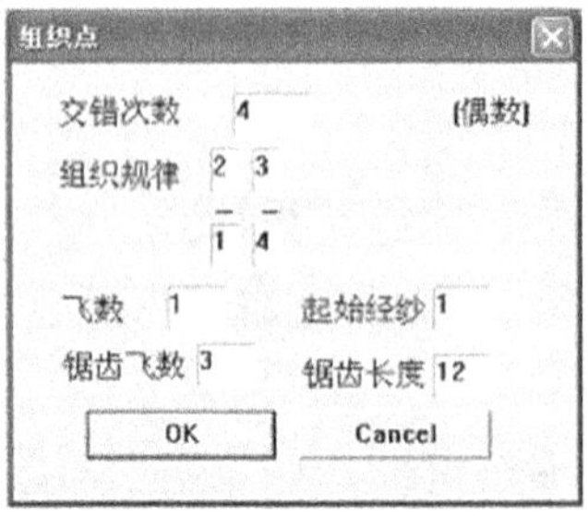

图 2－6 锯齿斜纹组织参数输入

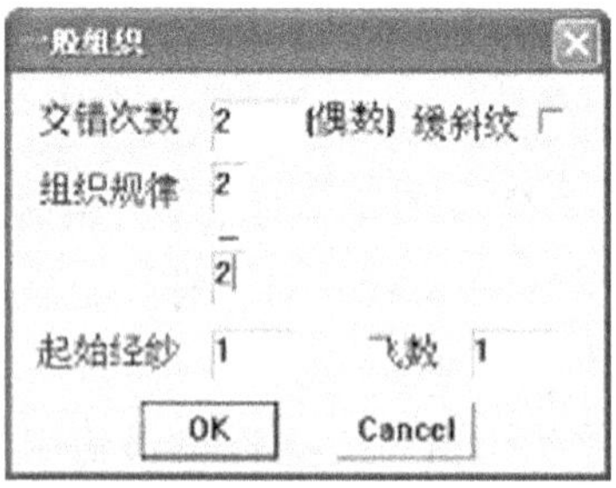

图 2－7 变化方平组织参数输入

（6）变化方平组织。输入交错次数和组织规律即可生成变化方平组织。变化方平组织输入法如图 2－7 所示。

（7）芦席斜纹。输入基础组织和斜纹条数即可生成芦席斜纹。芦席斜纹输入法如图 2－8所示。

（8）蜂巢组织。输入基础组织即可得到蜂巢组织。蜂巢组织输入法如图 2－9 所示。

（9）绉组织。先输入经纱和纬纱的循环数，再输入综片数，即可得到绉组织。绉组织输入法如图 2－10 所示。

(10)上机图法。输入经纱和纬纱的循环数、综片数，点动输入穿综图，可生成组织图和纹板图。上机图输入法如图 2－11 所示。

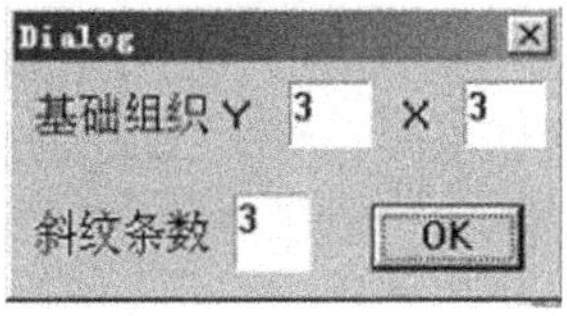

图 2－8　芦席斜纹组织参数输入

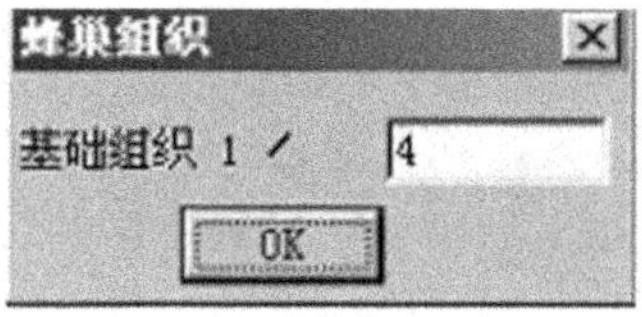

图 2－9　蜂巢组织参数输入

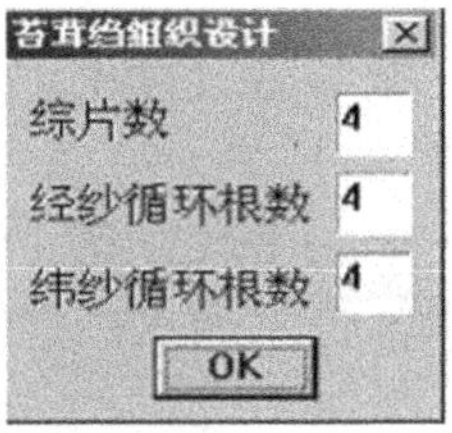

图 2－10　绉组织参数输入

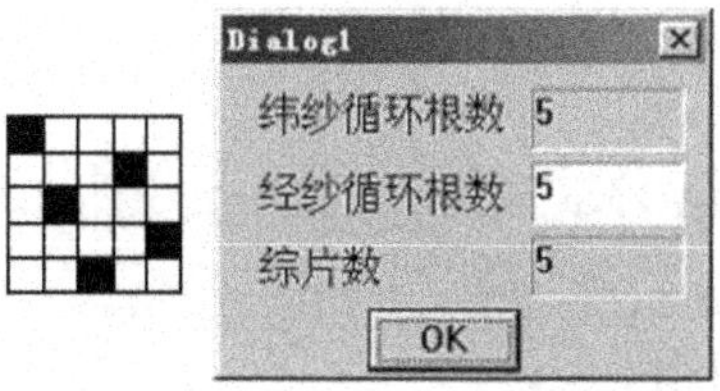

图 2－11　上机图法参数输入

(11)屏选组织图。该项功能以每屏 27 幅组织图显示在屏幕上，并可按“Page”键翻页查询多屏组织图。若用户想挑选某幅组织图，只需用鼠标在某一幅图的方框内点动一下，即可选中该组织。屏选组织图如图 2－12 所示。

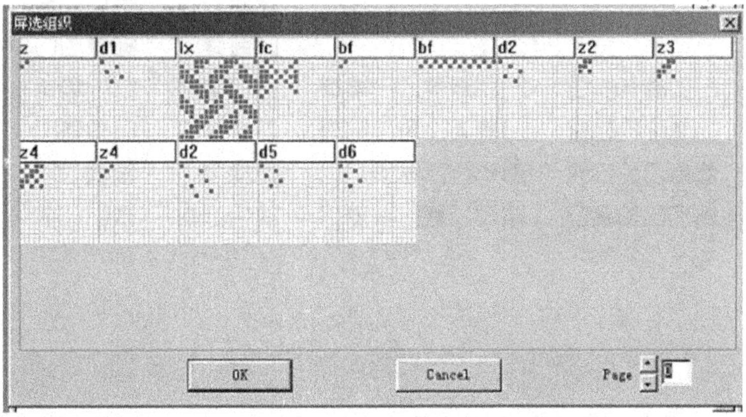

图 2－12　屏选组织图

(12)联合组织图。按鼠标左键可拖出一虚线小框，表示准备在该虚线框内填入基础组织，当确认虚线框正确后，按鼠标右键确认。弹出基础组织选择菜单，然后出现可按“↑”和“↓”键或鼠标左键拖动选定某基础组织，反复进行可完成由不同基础组织组合的联合组织。联合组织图如图 2－13 所示。

(13)存储组织图。将当前设计或修改过的组织图保存，提示在“组织库”中作为“调用

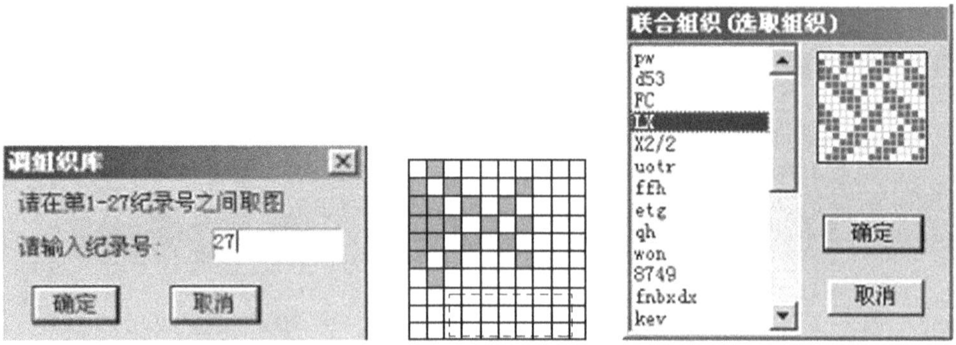

图 2-13　联合组织图

组织图”存在第 13 记录号，供屏选组织图和联合组织时使用。

二、组织图的变化

组织图的变化指变化组织或组织变换。

1. 变化组织　变化组织的花型有经山形、经破斜、纬山形和纬破斜等，如图 2-14 所示。

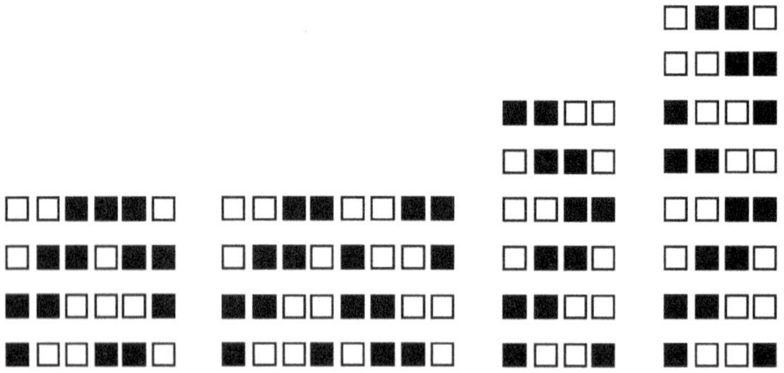

(a) 经山形　(b) 经破斜　(c) 纬山形　(d) 纬破斜

图 2-14　变化组织图

2. 组织变换　组织变换的形式有左右镜像、上下镜像、左右取反、上下取反、左右复制和上下复制等，如图 2-15 所示。

(a)上下镜像　(b)上下取反　(c)上下复制

(d) 左右镜像　　(e) 左右取反　　(f) 左右复制

图 2－15　组织变换图

第三节　小提花组织设计

小提花组织的提花类型主要包括散花排列、条格组织、透孔组织、网目组织及凸条组织等。

花型制作(即变化组织或组织变换)过程：

①设计基础组织。

②地组织：把基础组织转变为地组织。

③花组织：把基础组织转变为花组织。

④按提花类型进行设计即得所需组织。

一、散花排列

1. 规则排列　先设计基础组织，然后把基础组织转化为地组织，再进行散花排列，如按平纹、斜纹和缎纹等规律排列。规则排列选择如图 2－16 所示。

2. 经向和纬向梯形排列　先设计基础组织，然后把基础组织转化为地组织，再输入梯形相错比例即可。经向梯度取 1，即向上增加一个循环；纬向梯度取 1，起始点右移一格，经向和纬向梯形排列参数输入对话框如图 2－17 所示。

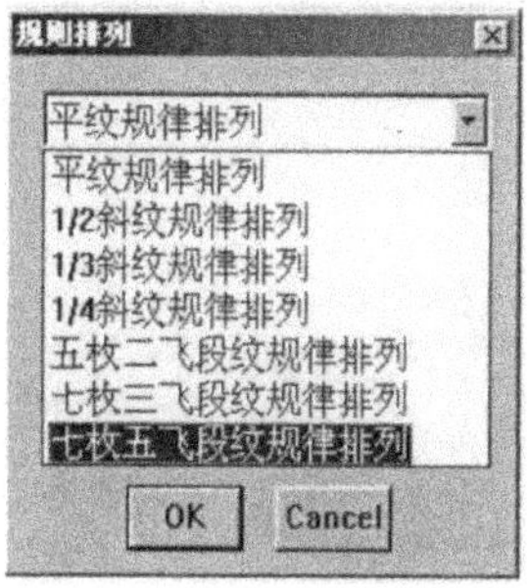

图 2－16　规则排列选择

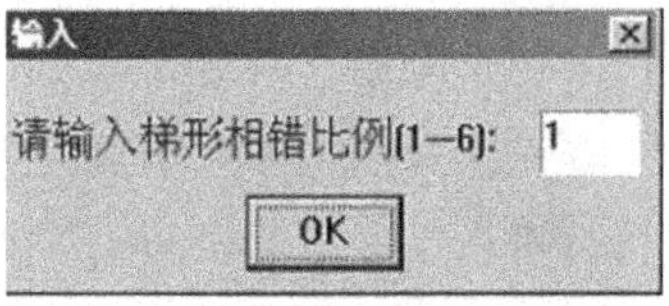

图 2－17　经向和纬向梯形排列参数输入

二、条格组织

1. 经条格组织　先输入经条数(1 ~ 5 条)以及每经条参数(如经纱根数、交错次数、组织、飞数等)，即可生成经条格组织。其参数输入对话框如图 2－18 所示。

2. 纬条格组织　输入方法同经条格组织。纬条格组织参数输入对话框如图 2－19 所示。

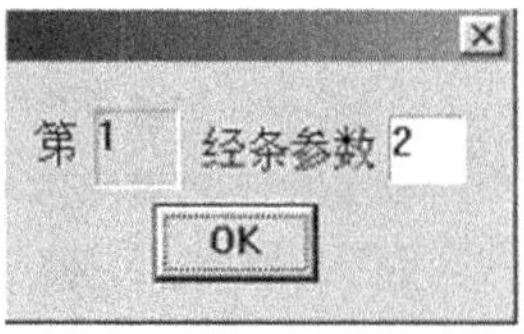

图 2－18　经条格组织参数输入

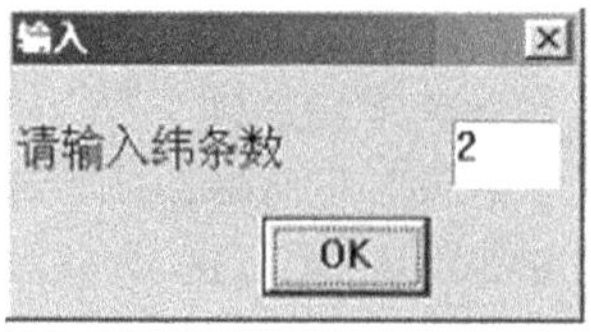

图 2－19　纬条格组织参数输入

3. 格型组织　先输入一般组织作为地组织，选择“格型组织”后再输入经条数和纬条数，即可生成所需组织。格型组织参数输入如图 2－20 所示。

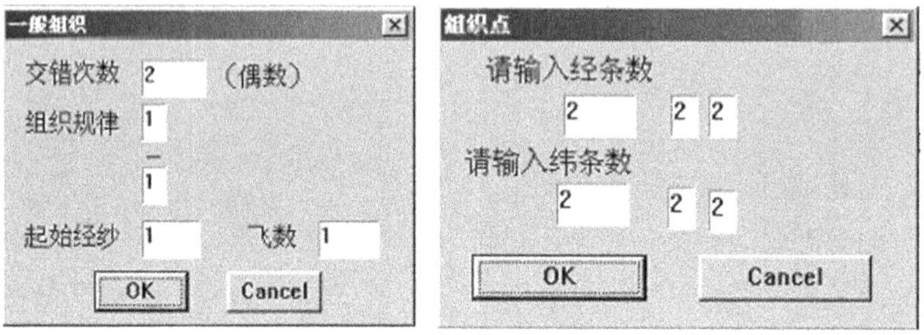

图 2－20　格型组织参数输入

三、纵条组织

1. 纵条格组织　构成纵条格组织的方法有两种。

（1）只要输入一种基础组织，利用底片翻转法自动生成纵条格组织。

（2）输入两种不同的组织形成纵条格组织，如图 2－21 所示。

2. 方条格组织

输入一般组织作为地组织即可，如图 2－22 所示。

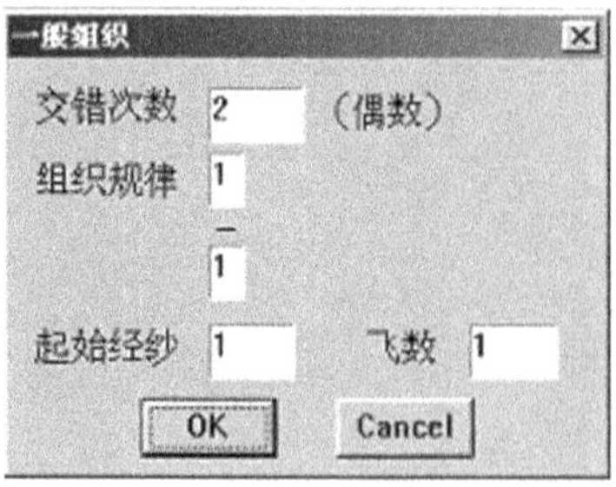

图 2－21　纵条格组织参数输入

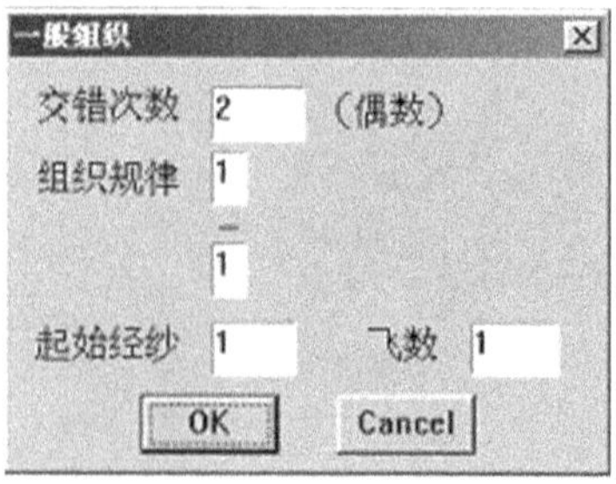

图 2－22　方条格组织参数输入

四、透孔组织

输入经纱循环数 N_1、纬纱循环数 N_2 即可生成所需组织，如图 2－23 所示。

五、网目组织

1. 经网目组织　先输入一般组织后，再输入经浮长数 f 值、经纱根数 h 值，如图 2－24 所示。

2. 纬网目组织　构成方法与经网目相同，如图 2－25 所示。

图 2－23　透孔组织参数输入

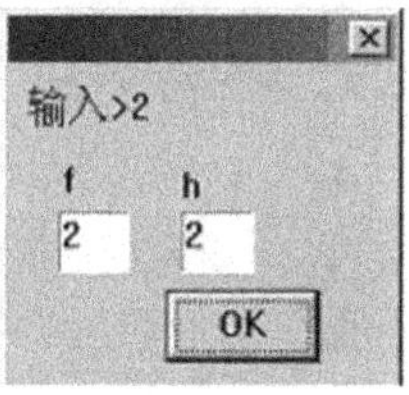

图 2－24　经网目组织参数输入

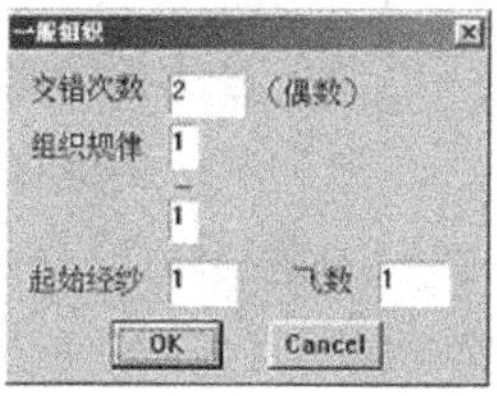

图 2－25　纬网目组织参数输入

3. 单网目组织　输入经浮浮长数 f 值、经纱根数 h 值、间隔 g 值及一般组织即可得到所需组织，如图 2－26 所示。

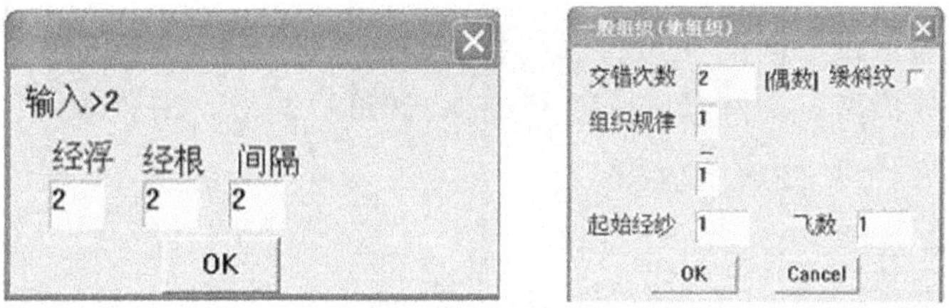

图 2－26　单网目组织参数输入

六、凸条组织

凸条组织包括经斜凸条组织、纬斜凸条组织、菱形凸条组织和纵凸条组织。前三种组织的设计方法相同，输入一般组织（如 6/6、8/8）即可生成，如图 2－27 所示。而对于纵凸条组织，先输入重平浮长数 x，排列比 A、B，芯线根数 Z，每条平纹根数 Y；再输入一般（固接）组织，如图 2－28 所示。

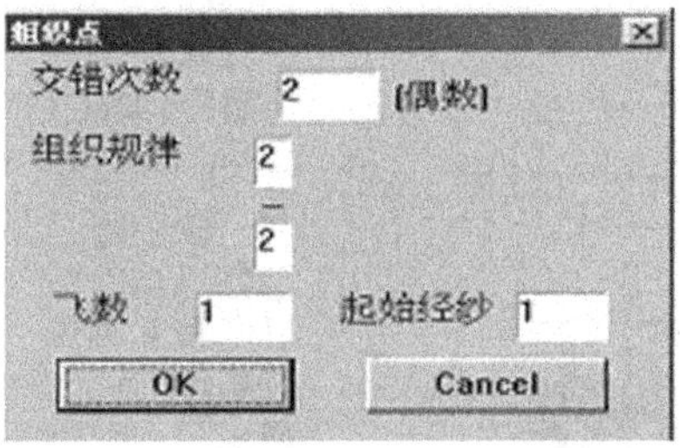

图 2－27　经斜、纬斜、菱形凸条组织参数输入

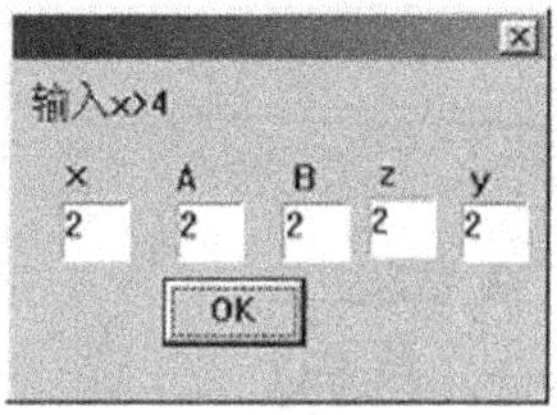

图 2－28　纵凸条组织参数输入

第四节　上机图设计

一、选择上机图法

由组织图生成穿综图方法有照图穿法、顺穿法、飞穿法和自由穿法。

前三种设计方法相同：先设计组织图，选择穿综方法，可自动生成穿综图和纹板图。选择飞穿法时需确定每页综框的综丝列数。

自由穿法是在设计完成组织图后，选择自由穿综方法，用鼠标在穿综图上点动输入穿综顺序，按右键即可生成纹板图，如图 2－29 所示。

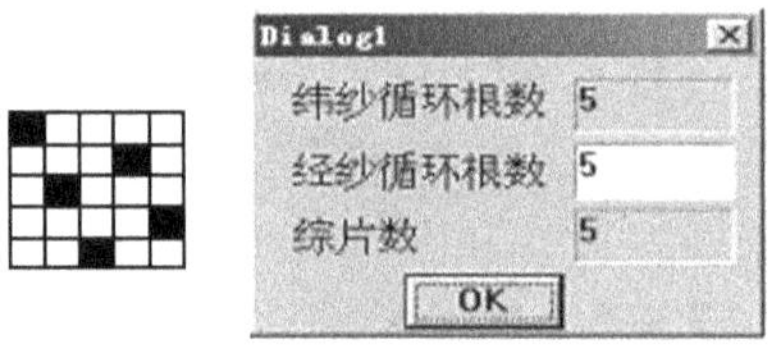

图 2－29　自由穿法上机图

机织物系统具有很强的纠错能力，具有自动判断经纱规律的功能。对于不同规律的经纱已穿入同一片综框以及一根经纱穿入两片综框，计算机会发生警告提示，并能智能化地指导用户纠错。纠错后，方可生成纹板图。

二、修改上机图

设计好上机图后，若要修改其中一个图，则其他两图也会随着改变。

1. 修改组织图　若已生成穿综图和纹板图，计算机会提示是否需要修改组织图，因为一旦修改组织图则必须重新生成穿综图和纹板图。修改组织图如图 2－30 所示。

2. 修改纹板图

设穿综图不变，修改纹板图时，组织图会作相应的变化，如图 2－31 所示。

3. 修改穿综图（图 2－32）

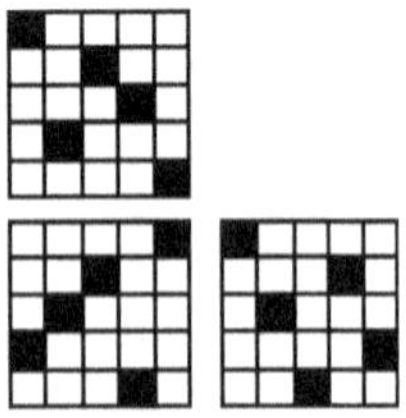

图 2－30　修改组织图

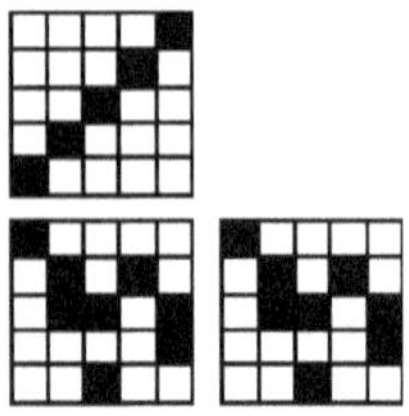

图 2－31　修改纹板图

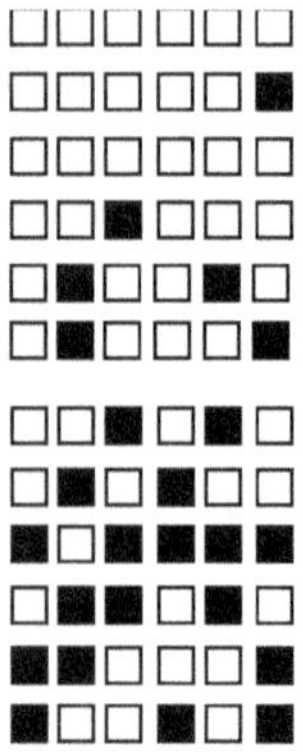

图 2－32　修改穿综图

经纱序号：$\dfrac{4\quad 5\quad 6}{}$

Fx　4　3　5

Fz　−1　2　−1

Fx 表示错穿法，Fz 表示正确穿法。

−1：表示其中第 6 根经纱以及第 4 根经纱穿入两片综框或没穿入任一综框（空框）。

第 5 根经纱误穿在与第 2 根经纱相同的综框上，应穿在与第 3 框经纱相同的综框上。

由于具有自动纠错的能力，用户可以比较快速而随意地操作而不必担心错误的产生，只在完全纠错后，计算机才会自动完成纹板图的生成。

第五节　织物组织的配色

在确定了织物组织的设计之后，便可进行织物小样图的配色（配色经、色纬根数与顺序等）。

一、配色

1. 配色经、色纬　系统以“人机对话”方式进行提示和询问，操作者应该注意屏幕上的内容。

根据“纱线调色板”（图 2−33）显示的纱线颜色，输入色纱颜色，即色板号对应数字（1～15）和纱线根数（≥1），确定循环次数，即可显示该织物的配色。色经、色纬输入如图 2−33 所示。若在配色循环中包含小循环，可用“√”定出小循环的起止位置，然后按数字键表明小循环次数（≤3 位）。按“确定”进入下一步骤。

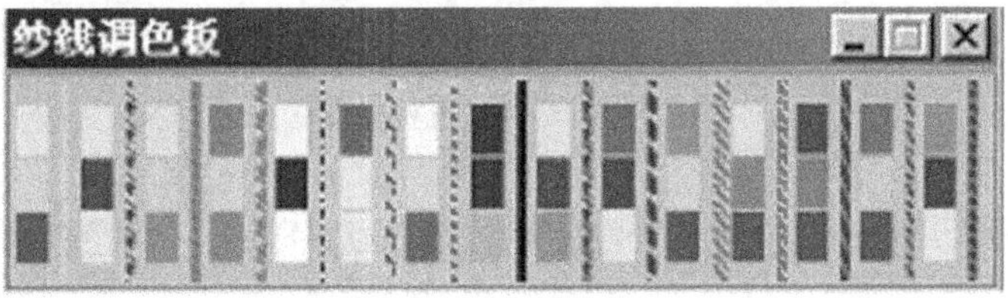

图 2−33　纱色图

若纬纱配色循环与经纱配色循环相同，可在“经纬纱规律相同”中选定即可。若两者不同，则还要进行纬纱配色，如图 2−34 所示。

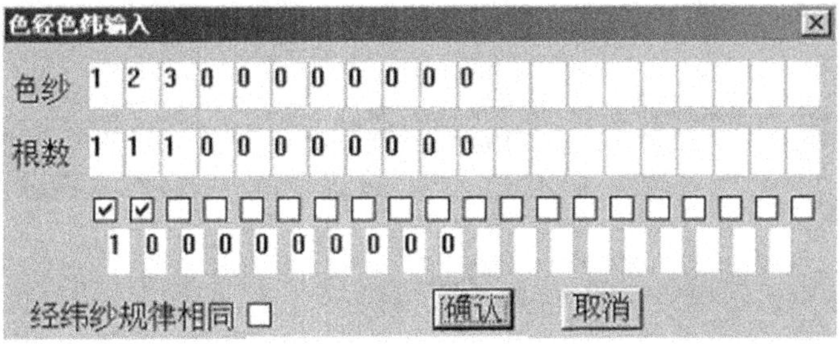

图 2−34　色经色纬输入

2. 修改色经、色纬 若需对经纱和纬纱的颜色重新选择，可在“配色”中的“修改色经”和“修改色纬”中进行。

注意：织物小样图的配色效果显示是由色纱号上的“毛纱色号”所决定的。

二、调整色板纱号

在配色经、色纬序之前，应先查看当前色板中是否有所要使用的毛纱色号。如没有，可选用“调整色板纱号”功能，将要想使用的几种毛纱“纱色号”调整到 1 ~ 15 号的某一色板上，以便配色序使用。用已存入“色号库”中的毛纱色改变某一个色板号上毛纱的颜色，并把 1 ~ 15号色板所对应的当前色号显示，如图 2 - 35 所示。

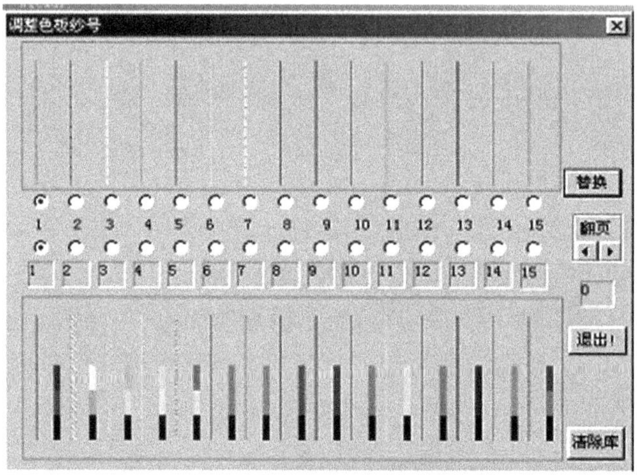

图 2 - 35　调整色板纱号

如想查看色号库中所存的“色号”，可按左右箭头键，前后翻页，将色号库中存放的色号及颜色的 RGB 值在显示器上（每次 15 个）显示出来。

选中要替换的当前色，再选中色库中所需颜色，按“替换”键，就可用色号中的某一色号替代当前色板号（1 ~15）。选择“退出”后，“纱线调色板”随之改变。

三、交互式 RGB 配色

这种方法是用调整三原色红（R）、绿（G）、蓝（B）基色值的比例改变某一色板号上毛纱的颜色。

先用鼠标左键选中“纱线调色板”待改变的调色板号（1 ~ 15）所在的图形方框，然后通过水平滚动条拖动来交互式改变 RGB 值大小，按确定就生效，按取消就退出，如图 2 - 36 所示。

显示屏幕上分别显示出调整的 RGB 三原色值的大小，按保存，该颜色将替代原来色纱的颜色。

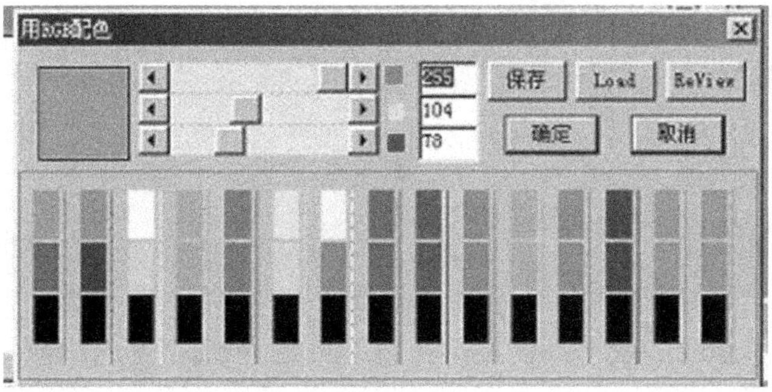

图 2－36　交互式 RGB 配色

织物设计时，应记录屏幕上显示出调整后的 RGB 值，以便以后为织物进行改进设计时提供依据。

四、用色号配色板

若“纱线调色板”中没有所要使用的颜色，也可用“色号配色板”进行颜色替换。用鼠标左键选中色库中某一颜色，用鼠标右键选中下部“纱线调色板”某一纱线小方框中的颜色，即可改变“纱线调色板”中纱线的颜色，按“存储”即可替换。按“新调色板”可调用新的颜色调色板，用来替换纱线的颜色，如图 2－37 所示。

图 2－37　用色号配色板

五、异组织配色

对当前设计的织物小样图，保持所配色经、色纬不变，通过改变织物的组织，比较织物配色效果与原来组织配色效果，以便在显示器上(1～4)任选位置显示异组织的优选。

六、配另一套色

在组织不变条件下，可对织物配另一套色(多套色)，比较织物在不同配色时的效果有何不同，以便优选。先将原设计布样保存，再选定配另一套色。保存方法如下：

(1)直接用保存工具,键入文件名。

(2)利用"输出结果"→"小样处理"→"布样剪切",右键输入布样尺寸,再键入文件名即可。

七、配色模纹图设计

从纱线仿真开始,根据不同经纬密度、纱线颜色及织物组织,可模拟出与实际织物相似的布料设计。本系统具有正反面模纹显示功能。到此,一幅完整的织物小样图就设计完毕,接着可进行工艺设计单的计算或产品的成本核算。

第六节　产品设计工艺计算

机织物的结构设计包括原料选择、织物组织选用、经纬纱线组合与密度的设计等内容,制定这些参数是机织物产品设计首要的也是最基本的工作。这涉及产品构思、织物分析、参数确定、工艺计算、试织等工作,需要大量的经验积累和对市场的良好把握。这项工作是一项费时、耗精力、非常繁杂的工作,当产品的数量较大时,往往使设计人员疲于应付,而效果常常无法令人满意。计算机辅助织物分析和设计是当今市场经济中,纺织企业尤其是色织企业极为重要的竞争手段。而纺织品 CAD 系统具有织造工艺计算的功能,并可自动打印出工艺总设计单,从而成为纺织企业尤其是色织企业极为重要的竞争手段。

一、上机参数计算

1. 上机资料

计算上机参数时,织物的上机资料包括以下项目。

(1)产品的品名、品号、风格要求和染整工艺等。

(2)原料的构成和它的品质特征。

(3)纱线结构、纱线线密度、捻度、捻向、合股方式。

(4)经纱密度和纬纱密度。

(5)上机筘幅、筘号和每筘穿入根数。

(6)总经根数、地经数、边经数。

(7)织物组织和上机图,如经纬色纱排列循环、投纬和提综的配合、纹板图、穿综图、穿筘图、布边组织。

(8)织物匹长和织物单位重量。

2. 织物上机计算和成品规格计算

(1)匹长:

$$\text{坯布匹长(m)} = \frac{\text{成品匹长(m)}}{\text{染整长缩}}$$

$$\text{整经匹长(m)} = \frac{\text{坯布匹长(m)}}{\text{织造长缩}}$$

$$总长缩 = 织造长缩 \times 染整长缩$$

(2)经密：

$$坯布经密(根/10cm) = 成品经密(根/10cm) \times 染整幅缩$$
$$= 成品经密(根/10cm) \times \frac{成品幅宽(cm)}{坯布幅宽(cm)}$$

$$在机经密(根/10cm) = 坯布经密(根/10cm) \times 织造幅缩$$
$$= 筘号(筘齿数/10cm) \times 每筘穿入根数$$

$$总幅缩 = 织造幅缩 \times 染整幅缩$$

(3)纬密：

$$坯布纬密(根/10cm) = 成品纬密(根/10cm) \times 染整长缩$$
$$在机纬密(根/10cm) = 坯布纬密(根/10cm) \times 下机坯布缩率$$

注 下机坯布缩率一般取 97% ~99%。

(4)幅宽：

$$坯布幅宽(cm) = \frac{成品幅宽(cm)}{染整幅缩}$$

$$在机幅宽(cm) = \frac{坯布幅宽(cm)}{织造幅缩} = \frac{地经穿筘数 + 边经穿筘数}{筘号} \times 10$$

(5)总经根数：

$$总经根数(根) = 地经根数 + 边经根数$$

(6)每页综片上的综丝数：

$$每页综片上的综丝数(根) = \frac{每穿综循环内该综片上应穿综丝数}{每穿综循环的综丝数} \times 地经总数 + 该综片上所穿边经综丝数$$

每页综片上的综丝数一般以 1000 ~1200 根为限,综丝过多、过密,对提综不利,应分开穿。

(7)(成品)重量：

$$全幅每米长的成品重量(g) = 每米成品的经纱重量(g) + 每米成品的纬纱重量(g)$$

$$每米成品的经纱重量(g) = \left(\frac{地经根数 \times 1m \times 纱线特数}{1000 \times 总长缩} + \frac{边经根数 \times 1m \times 纱线特数}{1000 \times 总长缩}\right) \times (1 - 重耗)$$
$$= \frac{每米坯布内经纱重量(g)}{染整长缩} \times (1 - 重耗)$$

$$每米成品的纬纱重量(g) = \frac{成品纬密(根/10cm) \times 在机幅宽(cm) \times 纱线特数}{10^4}$$

$$每平方米成品重量(g)=\frac{统幅每米长的成品重量(g)}{成品幅宽(cm)}\times 100$$

注 上式中纱线线密度不相同时，要逐个分别计算。

二、织物更改规格计算

(1)新织物的原料成分和织物组织与原织物相同，要求更改织物的重量，并使新织物的手感身骨与原织物相仿。按照既定的条件，可以认为新织物的经纬覆盖度与原织物相同，新织物在织染加工中的长缩、幅缩，重耗也与原织物相同，则可按下面的等式计算：

$$\frac{新织物重量}{原织物重量}=\frac{新织物纱的特数}{原织物纱的特数}=\frac{新织物密度}{原织物密度}$$

(2)原料相同和纱线线密度相同，只改变织物组织，使新织物的手感、身骨与原织物相似(相似结构织物)。此时，对某些组织可采用织物的几何结构交错点法，快速估算出新织物的近似密度，作为正式设计时的参考。

三、织物设计参数

1. 长缩和幅缩 产品匹长按订货者要求来定，一般大匹为 60～70m，小匹为 30～40m；产品的幅宽一般规定为 144cm 或 149cm。在按照既定的匹长和幅宽作产品设计时，必须事先确定织物的长缩和幅缩，并兼顾到一等品的允许放码长度。确定织物的长缩、幅缩，应该从产品的手感风格要求和纺织染整加工中的多种因素加以综合考虑。影响织物收缩的因素有原料构成、染整加工工艺、织物组织、织物的经纬密度、纺纱工艺、织造工艺及其他因素。

在选定初步设计数据时，由于织物的幅宽限制较严格，而其变化又较大，所以对幅缩的考虑应特别加以注意。如果没有相当确切的把握，不宜盲目成批投产。

2. 织物的染整重耗 织物在染整时重量变化的因素，包括织物的含油减少，烧毛时成品与原料之间的回潮率标准变化等项。染整重耗的具体数值，一般令毛条织物取 4%～5%，令毛坯染织物染色的深浅不变，淡色重耗多，深色重耗少，有时可略去不计；化学纤维织物的重耗取 1%～2%；毛混纺织物根据含毛量高低，而重耗不同。

四、上机参数计算方法

1. 第一套计算方法(公尺重估算法)

选中“工艺计算”，然后选定“纱支制式”。根据产品的销售对象(客户)的要求，选择英支、公支或特数作为纱线细度的单位。选定“第一套算法”，屏显图 2－38 为工艺参数输入对话框。在对话框中输入产品的规格：成品经密(根/10cm)、成品纬密(根/10cm)、染整长缩、织造长缩、染整幅缩、织造幅缩、重耗 、成品幅宽(cm)、成品匹长(m)、地经穿入数、边经穿入数、下机坯布缩率 、每循环上应穿综页数、每穿综循环上经纱根数、每平方米成品重(g/m^2)、边宽、经纱特数、纬纱特数。按 OK 确定，得到图 2－39 工艺计算结果。

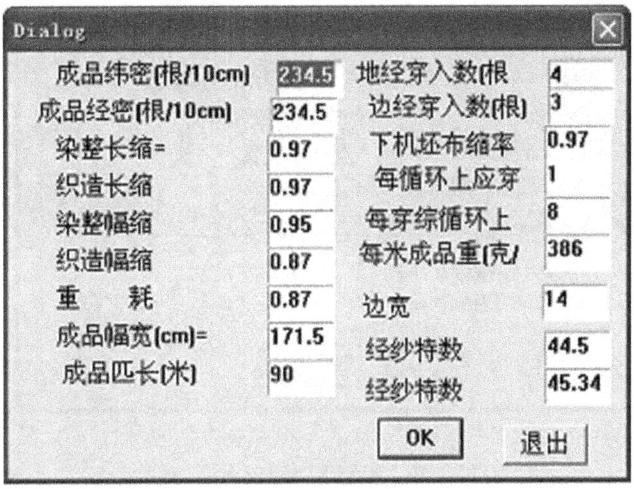

图 2－38　公尺重估算法参数输入

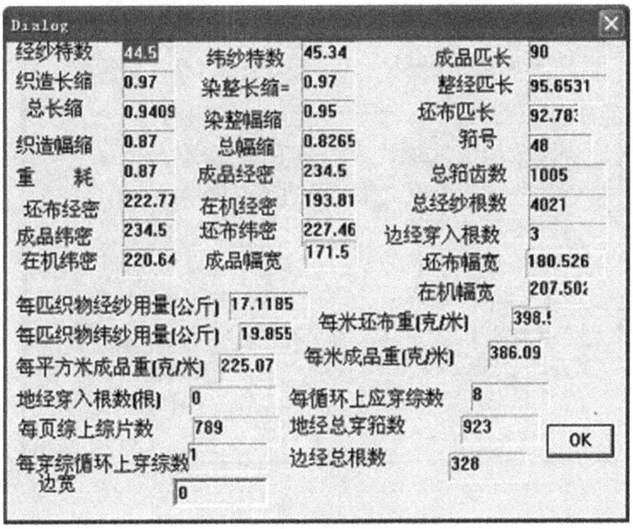

图 2－39　工艺计算结果图

2. 第二套计算方法(更改规格计算法)

(1)原料和组织相同,相似织物计算法。以原有织物工艺设计为参照,若原料、组织相同,而织物规格相近,可以采用该计算方法。选中“工艺计算”,选择“第二套算法”,选定“原料、组织相同,相似织物设计法”。屏显图 2－40 为织物规格修改对话框。在对话框中输入:原经纱特数、原纬纱特数、原织物经密(根/10cm)、原织物纬密(根/10cm)、新织物重量(g/m^2)、原织物重量(g/m^2)。对话框下半部为计算结果显示,它是系统默认的织物规格参数。按<u>确定</u>,屏显新的对话框图 2－41。

在图 2－41 对话框中输入工艺参数:染整长缩、地经穿入根数、织造长缩、边经穿入根数、染整幅缩、下机缩率、织造幅缩、每组织循环穿综数、重耗(回丝率)、每穿综循环经纱数、

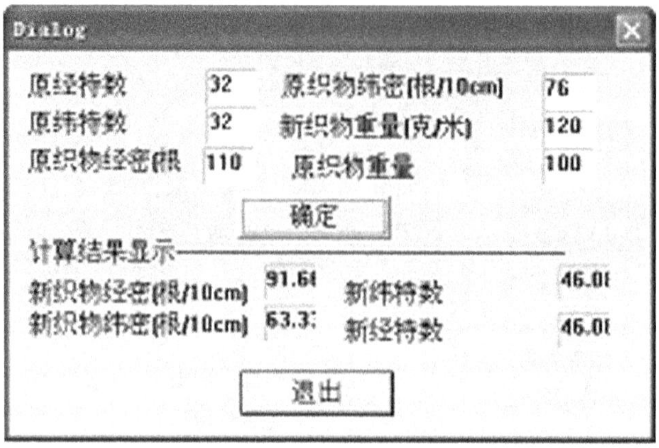

图 2-40　织物规格修改对话框一

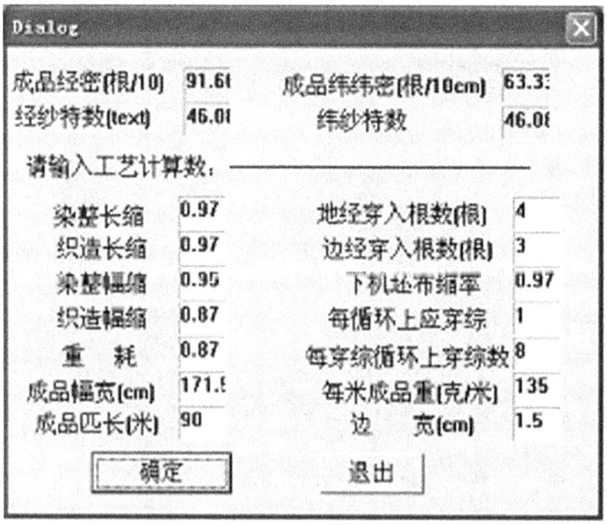

图 2-41　织物规格修改对话框二

成品幅宽、每平方米成品重(g/m^2)、成品匹长(m)、边宽(cm)。按[确定],得到图 2-42 工艺参数计算结果。按[退出]返回。

(2)原料、纱线线密度相同,相似织物计算法。以原有织物工艺设计为参照,若原料、线密度相同,织物组织、织物规格与原设计品种相似,可用该方法进行工艺设计。选定“原料、纱支相同,相似织物设计法”。屏显图 2-43 为织物规格修改对话框。在对话框中输入新旧参数对照:原织物经密(根/10cm)、新织物交错点数、原织物纬密(根/10cm)、原织物交错点数、新织物组织循环纱线数、原织物经纱特数、原织物组织循环纱线数、原织物纬纱特数。对话框下半部分为计算结果显示,它是系统默认的织物规格参数。按[确定],出现工艺参数输入对话框(图 2-44)。在这一对话框中按[确定],则出现工艺计算结果(图 2-45)。

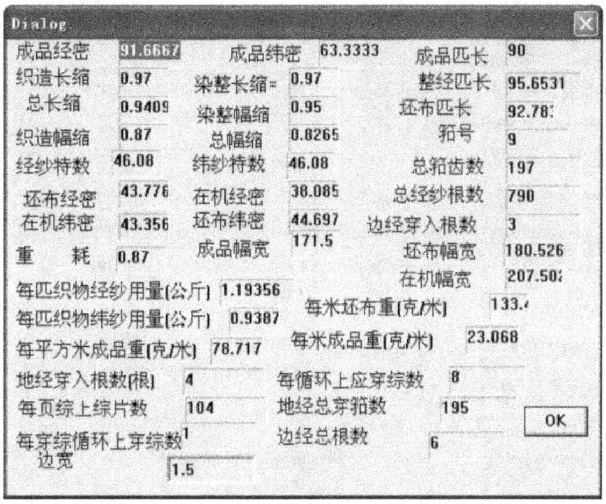

图 2－42　工艺计算结果显示

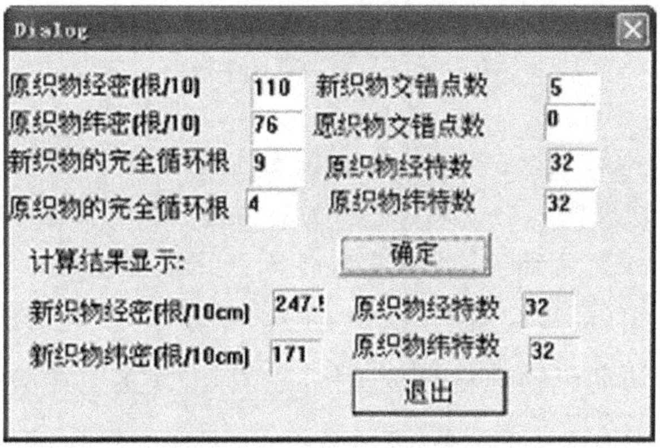

图 2－43　工艺参数输入

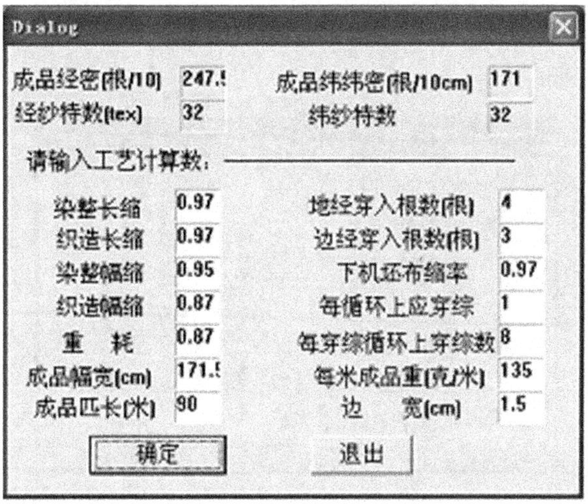

图 2－44　选定参数计算织物规格参数输入

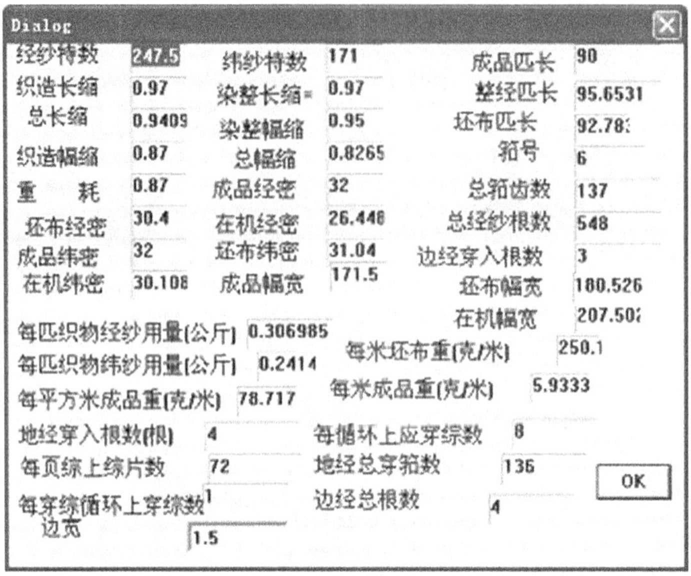

图 2-45 工艺计算结果显示

(3)按选定参数计算织物规格。若为全新工艺设计,可采用该方法进行设计,选定“按选定参数计算织物规格”,屏显图 2-46 为对话框。在对话框中输入工艺参数:经纱覆盖率(经向紧度)(%)、幅缩(纬纱织缩率)(%)、纬纱覆盖率(纬向紧度)(%)、每平方米干重(g/m^2)、长缩(经纱织缩率)(%)、重耗(回丝率)。对话框下半部分为计算结果显示,它是系统默认的织物规格参数。按 确定 ,出现工艺参数输入对话框(图 2-47)。在这一对话框中输入工艺参数:染整长缩、地经穿入根数、织造长缩、边经穿入根数、染整幅缩、下机缩率、织造幅缩、每组织循环穿综数、重耗(回丝率)、每穿综循环经纱数、成品幅宽、每平方米成品重(g/m^2)、成品匹长(m)、边宽(cm)。按 确定 ,得到工艺参数计算结果(图 2-48)。

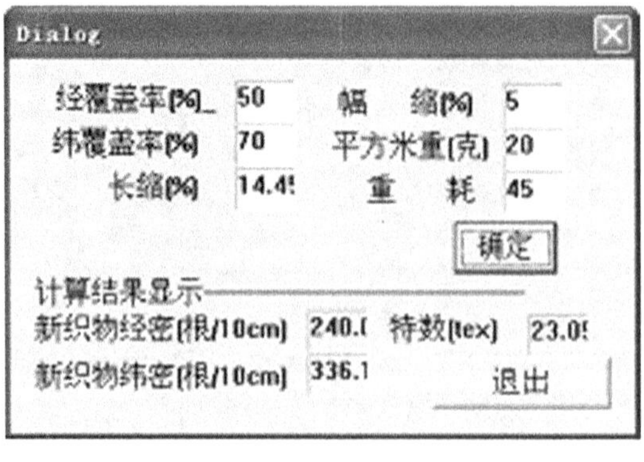

图 2-46 按选定参数计算织物规格

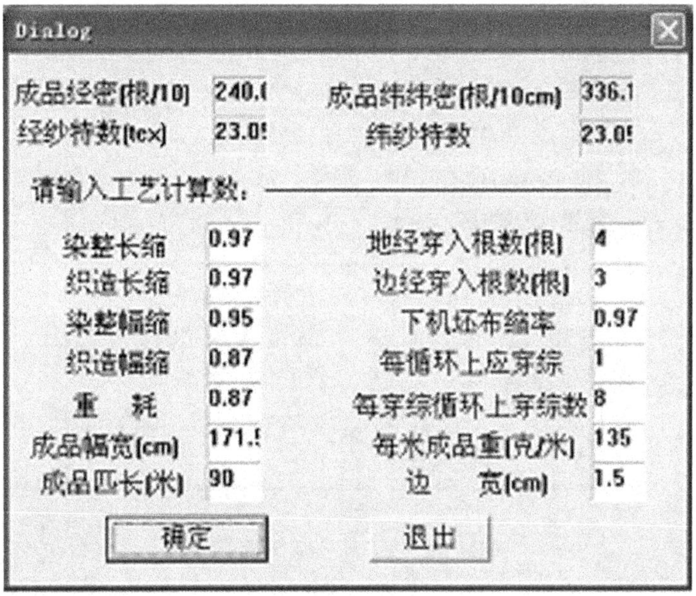

图 2-47　工艺参数输入

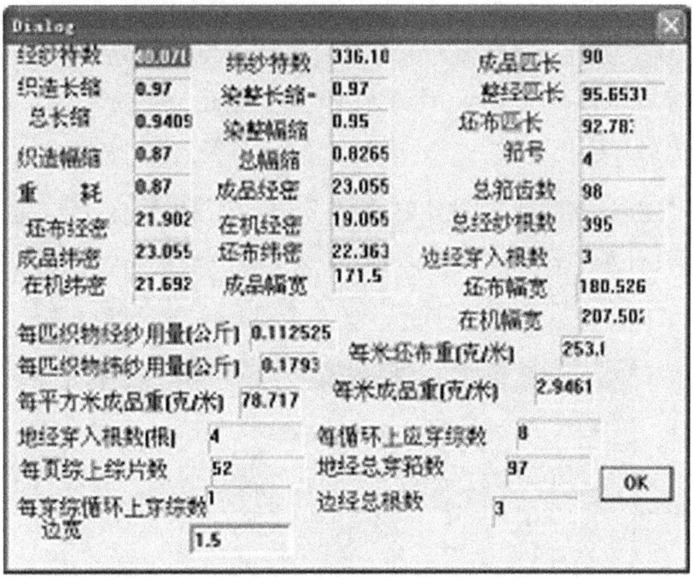

图 2-48　工艺参数计算结果

3. 第三套计算方法　根据经、纬纱特数和经纬纱密度，对不同材料的织物计算织物的经纱覆盖率、纬纱覆盖率、总覆盖率、经覆盖度、纬覆盖度、总覆盖度。选定“第三套算法”，屏显图 2-49 对话框。在对话框中输入工艺数据：经纱密度“根/10cm”、经纱特数、纬纱密度“根/10cm”、纬纱特数、纤维代码选择（蚕丝、醋酯纤维、涤纶、锦纶、麻纤、棉、腈纶、羊毛、粘胶等）。按确定，得到覆盖率和覆盖度。

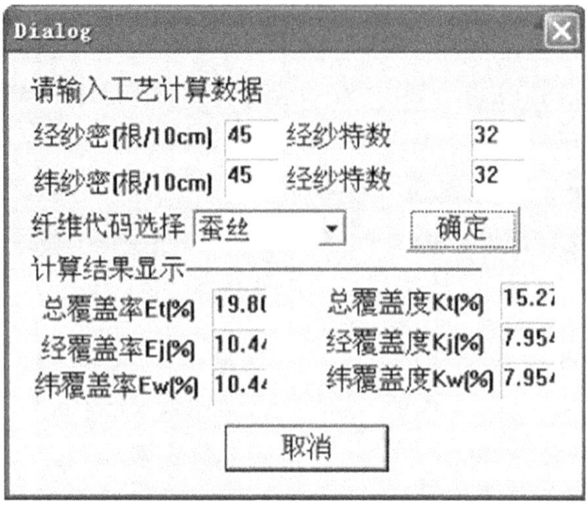

图 2－49　第三套工艺计算输入

五、配设计单

1. 毛纱总设计单　对于毛纺织厂，可以采用该方法进行毛织物工艺设计，自动生成工艺单。选定“毛纱总设计”，屏显图 2－50 为毛织物工艺参数输入对话框。在对话框中输入毛织物生产工艺参数：成品经密“根/10cm”、织造幅缩“%”、成品纬密“根/10cm”、重耗“%”、染整长缩“%”、成品幅宽“cm”、织造长缩“%”、整经长度“m”、染整幅缩“%”、(织物匹长)“m”、每筘齿穿入数、经纱纱支(公支)、纬纱纱支(公支)。按 确定 ，工艺参数输入成功。按 退出 ，自动生成毛纺工艺总设计单，如图 2－51 毛纺工艺总设计单。

2. 衬衫布总设计单　若生产衬衫面料，可选用该方法进行衬衫布工艺设计，自动生成工艺单。选定“衬衫布设计”，屏显图 2－52 衬衫布工艺参数输入对话框。在对话框中

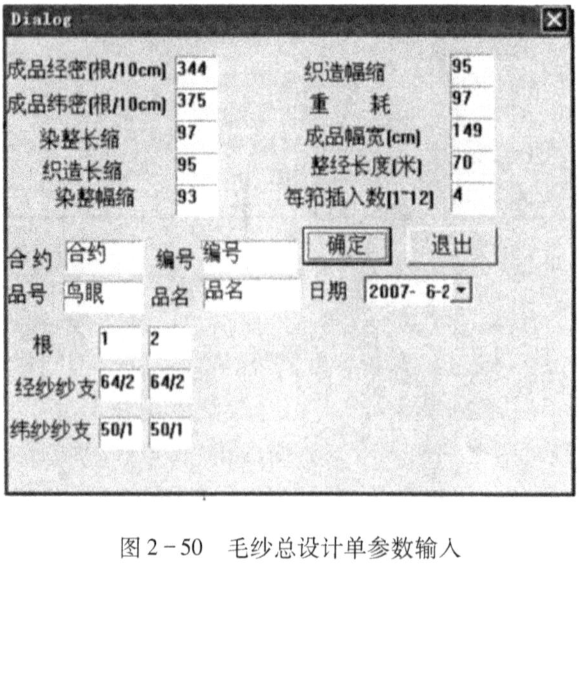

图 2－50　毛纱总设计单参数输入

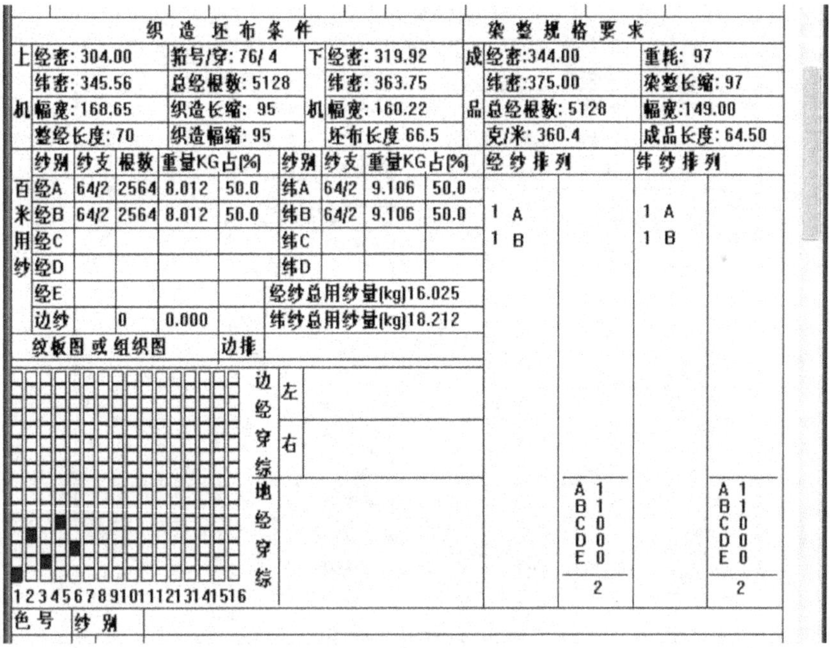

图 2－51　毛纱总设计单显示

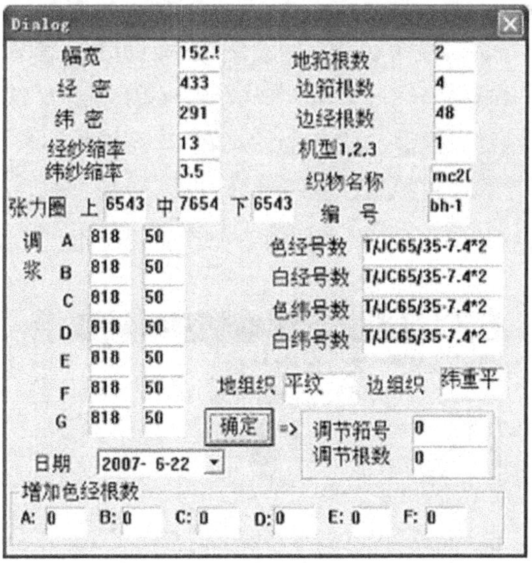

图 2－52　衬衫布总设计单参数输入

输入相应的衬衫布工艺参数：幅宽、地筘根数（穿入数）、经密、边筘根数（穿入数）、纬密、边经根数、经纱织缩率、机型（1，2，3）、纬纱织缩率、织物名称、张力圈配置、编号、调浆配方、色经号数、白经号数、色纬号数、白纬号数、地组织、边组织、筘号、总经根数等工艺参数。工艺参数输入完毕，按[确定]，自动生成如图 2－53 的衬衫布工艺单。

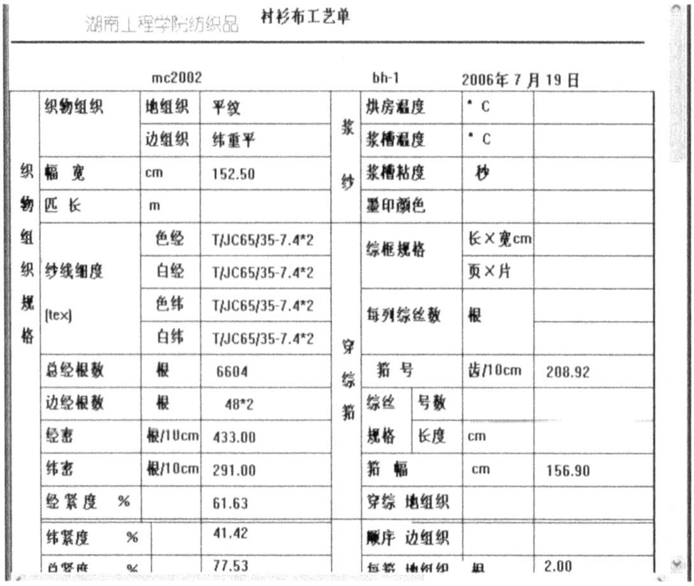

湖南工程学院纺织品 衬衫布工艺单

mc2002 bh-1 2006年7月19日

织物组织规格	织物组织	地组织	平纹	浆纱	烘房温度	°C	
		边组织	纬重平		浆槽温度	°C	
	幅 宽	cm	152.50		浆槽粘度	秒	
	匹 长	m			墨印颜色		
	纱线细度(tex)	色经	T/JC65/35-7.4*2	穿综筘	综框规格	长×宽cm	
		白经	T/JC65/35-7.4*2			页×片	
		色纬	T/JC65/35-7.4*2		每列综丝数	根	
		白纬	T/JC65/35-7.4*2				
	总经根数	根	6604		筘 号	齿/10cm	208.92
	边经根数	根	48*2		综丝规格 号数		
	经密	根/10cm	433.00		综丝规格 长度	cm	
	纬密	根/10cm	291.00		筘 幅	cm	156.90
	经紧度 %		61.63		穿综顺序 地组织		
	纬紧度 %		41.42		穿综顺序 边组织		
	总紧度 %		77.53		每筘 地组织	根	2.00

图 2－53 衬衫布工艺计算显示

3. 棉织布总设计 若生产常规棉织物，可选用该方法进行棉织物工艺设计，自动生成工艺单。选定“棉织布工艺设计”，屏显图 2－54 棉织物工艺参数输入对话框。在对话框中输入相关工艺参数，幅宽“cm”、经密、纬密、经纱织缩率、纬纱织缩率、英制公定回潮率、公制公定回潮率、回丝率（经）、回丝率（纬）、单纱强力（经）、单纱强力（纬）、地筘根数（穿入数）、边筘根数（穿入数）、边经根数、机型（1，2）、经纱飞花率、经纱总伸长、强力系数（经）、强力系数（纬）、调浆配方、色经号数、白经号数、色纬号数、白纬号数、调节筘号、调节根数等工艺参数。工艺参数输入完毕，按 OK，自动生成如图 2－55 的棉织布工艺单。

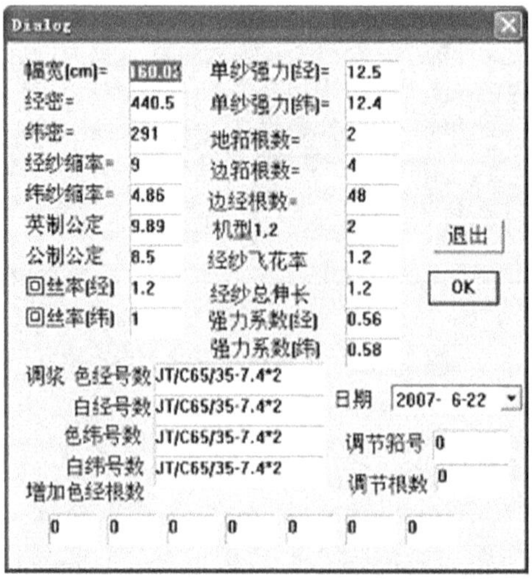

图 2－54 棉织布总设计单参数输入

织物名称:　　　　　　　　　　　　　　编号:

2007年9月5日

织物组织规格	织物组织	地组织		浆纱	烘房温度	°C	
		边组织			浆槽温度	°C	
	幅宽	cm	160.02		浆槽粘度	秒	
	匹长	m			墨印颜色		
	纱线细度(tex)	色经	JT/C65/35-7.4*2	穿综筘	综框规格	长×宽cm	
		白经	JT/C65/35-7.4*2			页×片	
		色纬	JT/C65/35-7.4*2		每列综丝数	根	
		白纬	JT/C65/35-7.4*2				
	总经根数	根	7073		筘号	齿/10cm	209.55
	边经根数	根	48		综丝规格 号数		
	经密	根/10cm	441		综丝规格 长度	cm	
	纬密	根/10cm	291		筘幅	cm	168.20
	经紧度 %		62.70		穿综顺序 地组织		
	纬紧度 %		41.42		穿综顺序 边组织		

图 2-55　棉织布工艺计算显示

第七节　边字设计

布边的作用是预防织物沿幅宽方向过分收缩,保持织物平整,并起到一定的美化装饰效果。边字则是织布边上的字母、文字或数字等,作用是说明织物的某些特性,同时起美化作用。对于无边字的布边,设计较为简单,只要考虑边地组织的搭配就行。边组织品种多样,可在一般组织、缎纹组织、方平组织间任一选配。而边字的设计就比较复杂,通常用提花的方式来产生边字。边字可采用汉字字库中的任一汉字及字符等,也可造特殊符号(手写体等)。纺织品 CAD 系统的边字设计功能很强。

一、边组织设计

布边组织设计中边字设计分为两类。

(1)有衬底组织。衬底组织可分为一般组织、缎纹组织和方平组织。布边组织设计如图 2-56 所示。

(2)无衬底组织。字组之间可用$\frac{8}{7}$缎纹。在布边上生成边字,如图 2-57 所示。

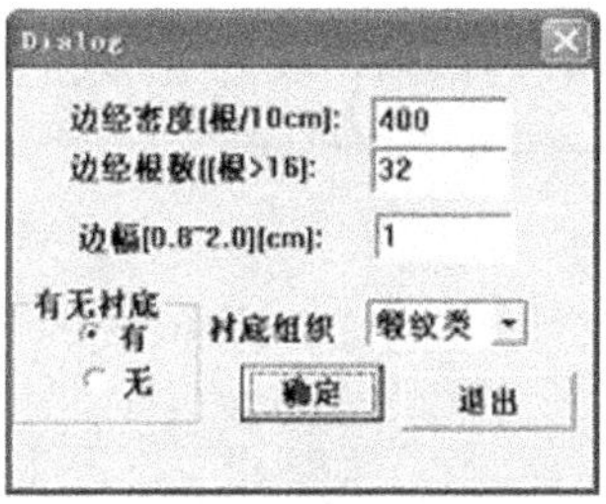

图 2-56　布边组织设计

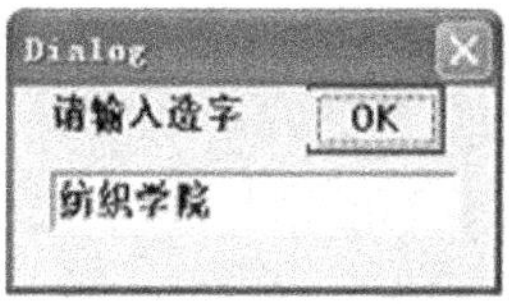

图 2-57　边字生成

二、造字功能

在造字过程中,用户能用字库提供的 16×16 点阵字库和用户自造字作为参考字为新造字所引用。造字完毕,可选择按当前区位码式输入一新的区位码,按字库所能识别的汉字字模格式存入小汉字库中。边组织设计造字功能,如图 2－58 所示。

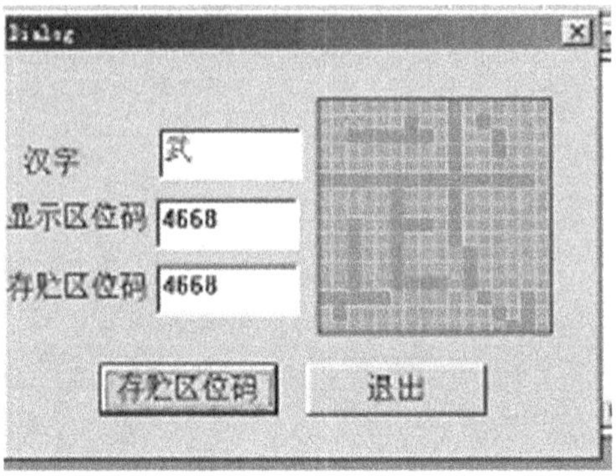

图 2－58　造字功能

第八节　造纱功能(纱线仿真)

一、纱线仿真建模

现有多数织物组织 CAD 系统在模拟织物时,仅仅根据织物组织、经纬纱线的排列和纱线粗细这几个因素生成织物模拟图像,并不考虑纱线本身的其他性质。在这类织物模拟图上,织物的组织点仅仅是单一颜色的色块,它不能模拟花式纱线和混纺纱线织成的织物。其模拟图像显得很平淡,没有质感,只能勉强应用于纱线细、密度高的织物模拟,否则模拟效果很差。在纱线内容较丰富的情况下,用一个单一颜色的色块去表示一个织物的组织点显然是不够的,人们必须要有更丰富的信息(如在纱线浮点中应该还有这样的信息:组成纱线的纤维色彩及混合比,纱线的股数及其捻度等)才能将其认同为组织点。因此,真正的织物仿真模拟应当从纱线的设计开始。设计人员可以根据自己的需要设计各种颜色纤维的混纺纱或异色合股纱,对于混纺纱甚至可以控制其不同颜色纤维的混纺比,在异色合股纱中可以反映出合股纱线的股数及捻度;还可以设计出一些其他花色纱线,如大肚子纱、竹节纱和毛粒子纱等。即使是单色纱线,也可以利用纱线设计功能使它成为具有质感的纱线而不是原先的光滑的直方条。

花式纱线是利用不同成纱原理和加工工艺使纱线内部结构和外观形态变化而获得花饰效应的纱线,如竹节纱、结子纱、圈环纱、波形线、螺旋线和断丝线等。

纱线的实物图如图 2－59(a)和图 2－59(b)所示。为进行纱线仿真,必须描述纱线的特征参数。纱线的特征参数有纱线线密度、捻度(用捻回角表示)和捻向(有 S、Z 捻向)。捻回角和捻向分别如图 2－59(c)和图 2－59(d)所示。

现有计算机纱线设计一般只对常规纱线如单纱、合股纱进行设计,对花式纱线的设计研究较少。本节对单纱、合股纱、圈圈纱、彩点纱、竹节纱、大肚纱和弓形纱进行了深入的研究。

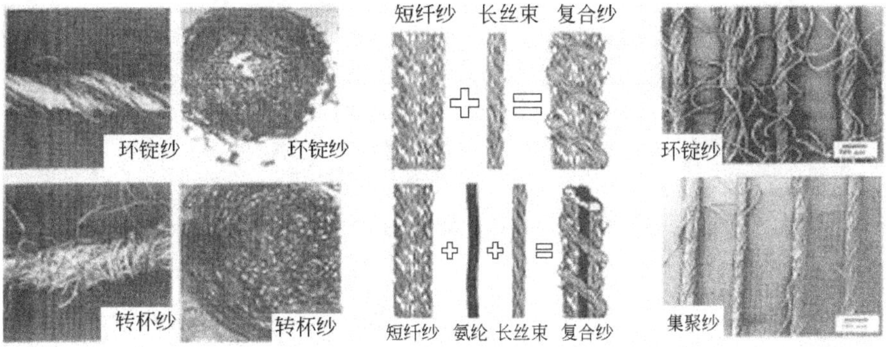

(a) 纱线实物图　　(b) 合股纱线实物图

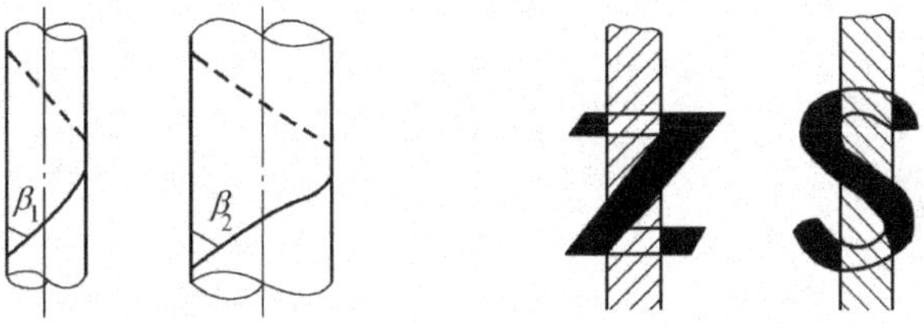

(c) 纱线捻回角　　(d) 纱线 SZ 捻向

图 2－59　纱线特征参数

根据纱线的结构,本节采用参数设计法和模板法对纱线进行建模。

1. 纱线参数设计法建模　对花式纱线的参数设计进行模拟,其设计思想是用一组循环排列的倾斜放置的色彩小方块来表示花式纱线,每个具有色彩的小长方形即代表纱线单元块的仿真模型。这种方法可以在一定程度上模拟花式纱线的外观。

(1)单纱。单纱是构造最简单的一种纱。

①设计思想。单纱用一组循环排列的倾斜放置的小长方块色彩表示,每个基本的小长方形色彩代表该纱线的仿真模型,如图 2－60 所示。

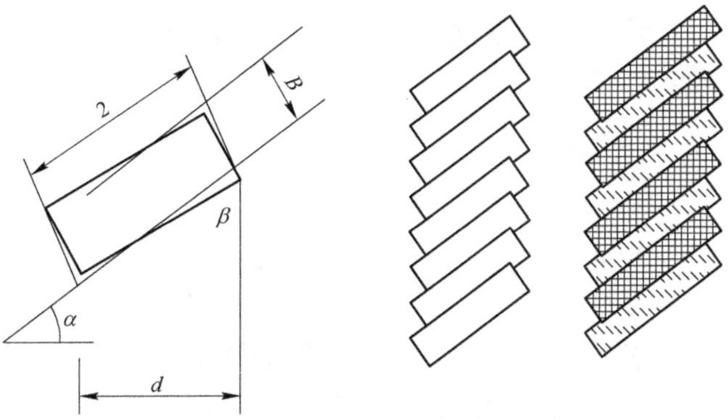

(a) 仿真模型示意图　　(b) 合股纱

图 2－60　纱线仿真模型

根据图 2－60(a),有数学模型:

$$d = 0.03568 \times \sqrt{\frac{T_t}{\delta}}$$

$$\beta = \arctan \frac{\alpha_t}{892\sqrt{\delta}}$$

$$\alpha = 90^\circ - \beta$$

$$2L = \frac{d}{\sin\beta}$$

$$B = K \times d$$

式中:d——纱线直径;

Tt——纱线线密度,tex;

β——纱线捻向角;

B——小方块的厚度;

δ——纱线体积密度;

α_t——纱线捻系数;

K——厚度系数。

②主要参数。

a. 纱线颜色号:模拟纱线颜色。

b. 纱线线密度 Tt:模拟纱线特数。

c. 纱线捻系数 α_t:模拟纱线加捻系数。

d. 捻向:模拟纱线的加捻方向,即 S 捻向和 Z 捻向。

③图形实现。纱线单元块可用一小长方块旋转 α 角生成,并以颜色 C 填充框。为增强仿真效果,应使纱线边缘产生毛糙的真实感,然后把框边缘擦去,这样就绘出了一个立体感很强的纱线块了。

(2)S/Z 合股纱。S/Z 合股纱是由两条不同颜色,不同特数的单纱合捻而成的,因其加捻方向不同,分为 S/Z 合股纱(图 2－61)。

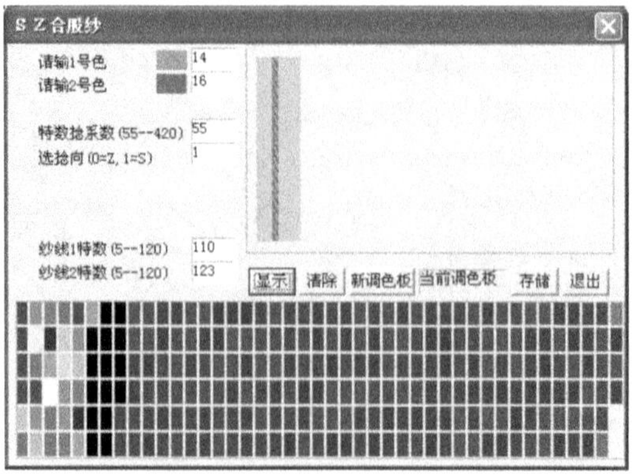

图 2－61　纱线仿真——S/Z 合股纱

①设计思想。用两个不同颜色的小色块，旋转，交错循环排列而成，如图 2－60（b）所示。

②主要参数。

a. 第一股纱线色号；合股捻系数；捻向。

b. 第二股纱线色号；纱线 1 特数和纱线 2 特数。

根据图 2－60（b），有数学模型：

$$Tt_{股} = (Tt_1 + Tt_2)(1 - \alpha)$$

$$tg\beta = \alpha_t / 892\sqrt{\delta}$$

$$\alpha = 90° - \beta$$

$$d = 0.03568 \times \sqrt{\frac{Tt_{股}}{\delta}}$$

式中：Tt_1，Tt_2——纱线特数；

$Tt_{股}$——股线特数；

α_t——捻系数；

α——捻向；

d——合股线直径。

（3）圈圈纱。圈圈纱是由饰线和芯线在加捻时，由于饰线喂纱速度大于芯线速度，而起圈成为圈圈纱。

①设计思想。用绘制 S/Z 合股纱的方法模拟芯线，每绘出 J 个（圈间隔）旋转交错色块后，绘出一个圈圈，为增加真实效果，以免圈圈在纱线上排列过于整齐，让圈半径、圈中心取一定的随机数。

主要参数有纱线 1、2 颜色；纱线 1、2 特数；合股捻系数，捻向。

（4）彩点纱。在单纱合股加捻过程中，混着单色或多色的彩色毛粒，使之附着其上，而成为彩点纱。

设计思想：在绘出 S/Z 合股纱中随机绘出附着的彩点，为增强仿真效果，让彩点色和点距在一定范围内随机取数。

（5）竹节纱、大肚纱、弓形纱。这三种纱又称橄榄形纱，形状大同小异。

①设计思想。在绘出 S/Z 合股纱的同时，每隔 J 个间距，画一个椭圆形色块，再擦去边框，使图块逼真，这三种纱的设计思想基本一样，只是在造纱过程中参数选择不同而已。

②主要参数有纱线 1、2 颜色；纱线 1、2 特数；椭度 KT；节宽 R；节间隔 J。

椭度 KT 在弓形中相当于曲率这个参数，它的引入是为了区分竹节纱、大肚纱、弓形纱这三种纱形，它主要决定纱线在成节过程中的纵面与轴面的比例，决定其成节形状。具体参数取值如下：

竹节纱：成节较小而均匀，节宽 R 一般取在 5～7 之间，节间距 J 取 8～10，椭度 1.4～1.5。

大肚纱：成节较大，轴向长大于纵向长，节宽 R 一般取 6～8，间距较竹节纱密，J 值取 6～

8,而椭度定值于0.6~0.7。

弓形纱:成节最大,且节与节之间间距为零。一般节宽 R 取 10~14,椭度取 1.8 以上,J 取 $2 \times R/KT$。

2. 纱线设计模板法建模 其设计思想是:为获得纱线的模板图像,先要制作花饰纱线模板。其制作方法有扫描式和交互式。

(1)扫描式花线模板。先将不同的花饰纱线缠绕于一块 5cm 宽的黑色硬纸板或绒布板上,经扫描仪扫描简单的图像处理(如去噪声,阈值处理)和经适当的修改后,得到一纱线图像模板;然后,再制作纱线图像位图,用于配色模纹图中。

程序设计步骤:

①制作纱线样板。

②数码扫描。

③图像去噪声处理。进行图像去噪声处理时,阈值的选择将影响纱线的有用信息的保留程度。阈值越小,纱线毛羽保留越大,但噪声消除不干净;阈值越大,纱线毛羽保留越小,图像越模糊。为了既保留毛羽,又使图像模糊,本文采用"超限邻域平均法"公式推导如下:

令被讨论像素的灰度为 $F(j,k)$,以其为中心,窗口像素组成的点集以 A 表示,集内像素以 L 表示。经本文方法处理后,像素 $F(j,k)$ 的输出为

$$G(j,k) = \begin{cases} \dfrac{1}{L}\sum\limits_{(x,y)\in A} F(x,y); & \left| F(j,k) - \dfrac{1}{L}\sum\limits_{(x,y)\in A} F(x,y) \right| > T \text{时} \\ F(j,k); & \text{其他} \end{cases}$$

该方法的思路是:当 $F(j,k)>$ 领域平均值一定值后,作噪声处理,否则不改变。

其中:(j,k) 为图像坐标,(x,y) 为坐标变量。

④人机交互式修正经图像处理后的纱线图像位图。

⑤保存制作的纱线图像位图,以便用于配色模纹图中。

(2)交互式花线模板。用人机交互式方法,在一适度的方格(32×200)上,画出纱线模板,如图 2-62 所示。

在设计纱线时,使用鼠标作为输入设备描绘纱线,用控制纤维在纱线中的走向来表示捻度,用控制纱线中的不同颜色点的百分比来表示混纺纱中的不同纤维的混纺比,通过交互式方法描绘各种各样的纱线形状来表示各种花色纱线,如圈圈纱、彩点纱、竹节纱、大肚纱、弓形纱等。

通过交互式方法,先画出所需要的三种纱线颜色(代表纱线成分)的走向(代表纱线捻向及捻度)及相对数量百分比例(代表纱线的混纺比)。在实际使用该纱线模板时,再用实际所需要的纱线颜色来替代该三种颜色,能仿真出双色合股纱及三色合股纱。当采用某一种纯颜色附近的两三种颜色(仅改变颜色的亮度)来仿真单纱时,还能仿真出素色纱线,或单纱,并具有捻度捻向的织纹效应,如图 2-63 所示。此外,如人工加入一些彩点或竹节效果,还可表达出圈圈纱、彩点纱、竹节纱、大肚纱、弓形纱等效应。

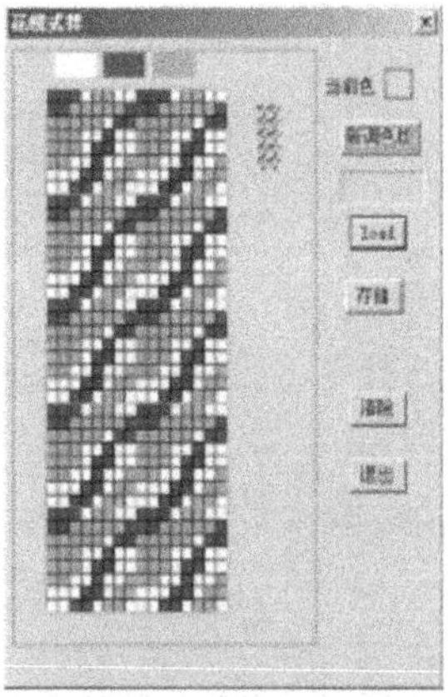

图 2－62　纱线模板

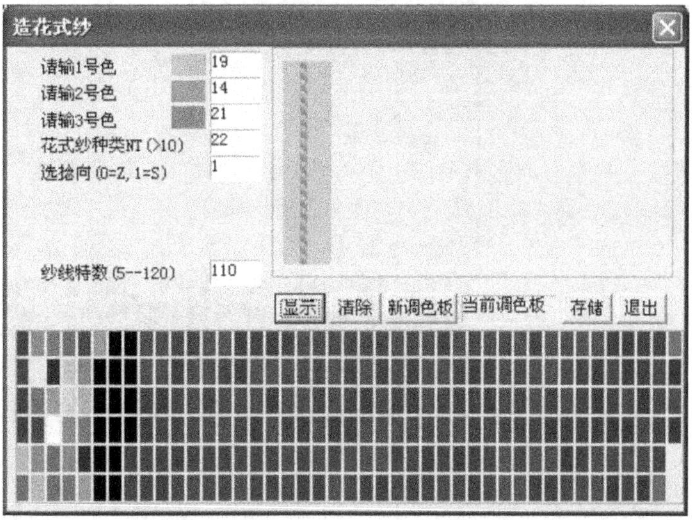

图 2－63　纱线仿真:用三个相近颜色来仿真单纱

二、造纱(纱线的生成)实例

造纱功能是为配置织物小样图的真实效果显示提供保证,配置织物小样图可选用的纱线分八种类型。

本系统能用当前色板上的颜色,按照屏幕提示的内容确定输入参数。

1. 单纱参数　如图 2－64 所示,输一号色合股捻系数(55～420)选捻向(0＝Z,1＝S)纱线特数(5～120)。

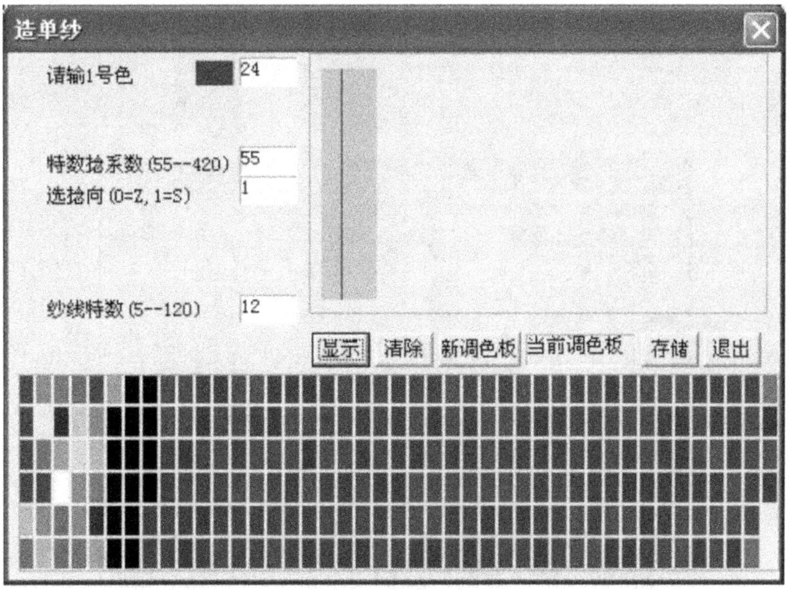

图 2－64　单纱参数

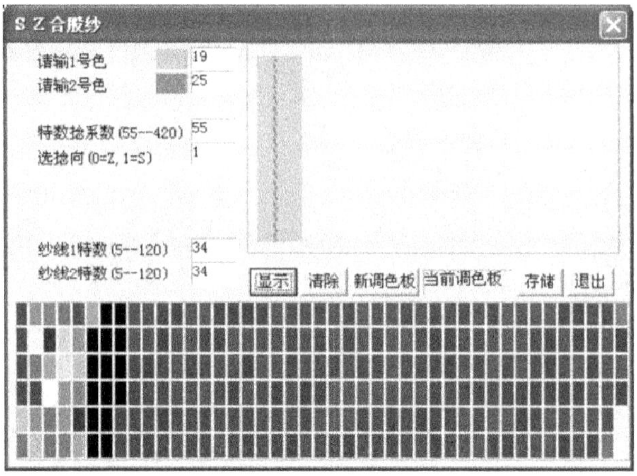

图 2-65　S、Z 合股纱参数

2. 合股纱参数　如图 2-65 所示，输入参数：

色号(1)

色号(2)

合股捻系数(55～100)

选捻向(0=Z,1=S)

单纱/合股“0,1”

纱线 1 特数(5～120)

纱线 2 特数(5～120)

3. 大肚纱　如图 2-66 所示，输入参数：

色号(1)

色号(2)

色号(3)

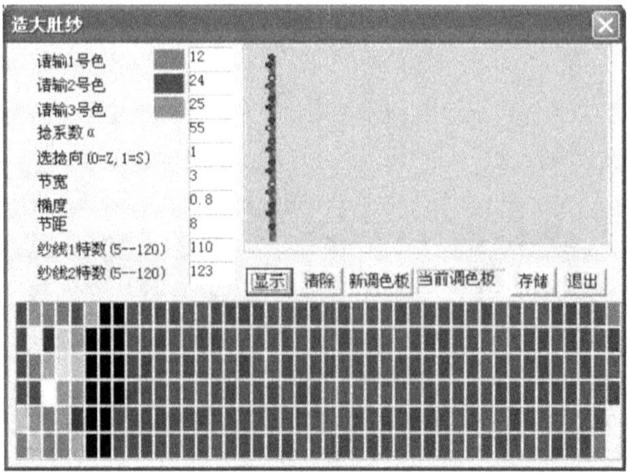

图 2-66　大肚纱参数

合股捻系数(55 ~ 420)

选捻向(0 = Z,1 = S)

节宽

椭度

节距

纱线特数(5 ~ 120)

4. 圈圈纱参数　如图 2 - 67 所示,输入参数:

色号(1)

色号(2)

色号(3)

合股捻系数(55 ~ 420)

选捻向(0 = Z,1 = S)

纱线特数(5 ~ 120)

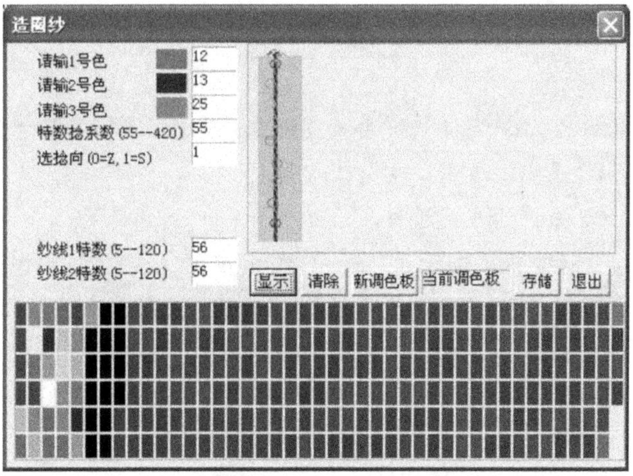

图 2 - 67　圈圈纱参数

5. 彩点纱参数　如图 2 - 68 所示,输入参数:

请输一号色(1)

请输二号色(2)

合股捻系数(55 ~ 420)

选捻向(0 = Z,1 = S)

单纱/合股"0,1"

纱线特数(5 ~ 120)

在造纱过程中,各种类型纱线的参数,必须经过反复的调整,才能生成理想的纱线。用户可在实际操作中搜索规律,总结经验。

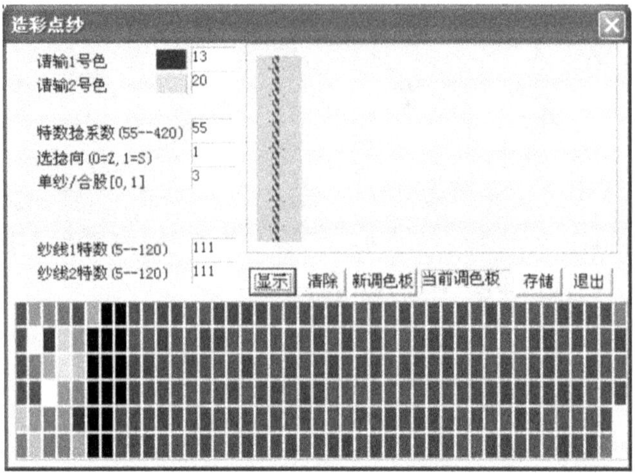

图 2－68　彩点纱参数

思考题

1. 简述一个完善的机织物 *CAD* 系统由哪些部分组成，简述其主要功能。

2. 试述机织物 *CAD* 系统的数据结构与工作原理。

3. 简述机织物 *CAD* 系统的应用过程。

4. 分析实现机织物计算机辅助设计过程中，纺织作业工程技术人员有什么任务和作用。

5. 以真丝类织物为例，说明实现织物计算机辅助设计的关键和方法。

上机实验

1. 熟悉机织物 CAD 系统功能，如建立提花机样卡，建立不同排列比的纬纱排列信息图等。

2. 运用已知应用机织物 CAD 系统，根据输入的织物规格参数，如纱线特数、织物组织，经纬密度、纱线颜色及排列等信息，运行程序设计制定简单织物规格工艺单。

第三章　机织物复杂组织 CAD 系统

本章知识点

1. 经二重组织、纬二重组织、管状组织、双幅组织、接结组织、双层表里换层组织等复杂组织程序设计方法。
2. 复杂组织穿综图的设计。

传统的复杂组织都是设计人员将表里组织加以变化人为地进行配合，这种配合速度慢，效果差，易出错，而采用 CAD 技术，通过变化表里组织加以配合，再加上仿真的模拟，就能快速地得到所需的最佳组织图，缩短设计周期。

复杂组织 CAD 子系统开发了经二重组织，纬二重组织，管状组织，双幅组织，接结组织（表经接结组织，里经接结组织，联合接结组织），表里换层组织等八个系列产品，并可进行上机图的设计及小样图的仿真。

复杂组织设计过程如图 3－1 所示，复杂组织功能描述见下表。

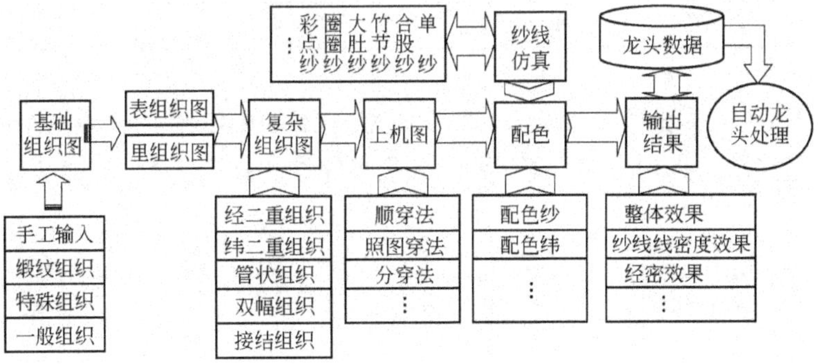

图 3－1　复杂组织功能框架

复杂组织功能描述表

序号	功能	子功能	功能简要说明	备注
1	组织图	手工输入法	在对话框中输入组织图	
2		一般组织	平纹组织、斜纹组织及其变化组织	
3		缎纹组织	设计经纬面缎纹组织	
4		特殊组织	变飞斜纹组织、锯齿组织、芦席斜纹、变化方平、蜂巢组织、绉组织等	
5		经二重组织	由表里两个组织组成	
6		纬二重组织	由表里两个组织组成	

续表

序号	功能	子功能	功能简要说明	备注
7	组织图	管状组织	连接双层组织的两边缘构成管状组织	
8		接结组织	依靠各种接结方法使分离的表里两层构成一个整体的织物	
9		表里换层组织	不同色泽的表经与里经，表纬与里纬，沿着正反两面利用色纱交替织造形成花纹	
10	上机图	顺穿法	操作简便，不宜出错	
11		照图穿法	适用于经循环较大而其中含有经纱浮沉规律相同的组织（如绉组织、平纹小提花组织）	
12		飞穿法	组织图中各根经纱间隔地穿入相应的综内，适用于组织循环经纱数较少、但经纱密度较大的织物	
13		分区穿法	当织物组织中包含两个或两个以上组织，或用不同性质的经纱织造时，多采用分区穿法	
14	配色	配色纱	运用色纱与组织配成花形	
15		配色纬	运用色纱与组织配成花形	
16	纱线仿真	单纱	Z 捻纱，S 捻纱	
17		合股纱	两股或多股合捻成 Z 捻或 S 捻向	
18		花式线	有着各种分布不规则的截面，且结构、色泽各异，对织物形成特殊外观	
19		变形纱	经过变形加工的长丝纱，仿真其外观效果	
20	输出结果	整体效果	仿真织物外观的整体效果	
21		纱支效果	仿真纱线的效果，包括色彩、粗细、结点、圈圈等	

复杂组织 CAD 子系统对复杂组织的数学模型力求通用化，对任一表里组织的经纬纱线大小及任一表里经纱的排列比 $M:N(M\geqslant N)$ 和表里纬纱的排列比 $K:L(K\geqslant L)$ 均适用。

一、经二重组织

经二重织物是由两组经纱和一组纬纱交织而成。经二重组织一般是用来织制厚重织物，但也用于织物的两面使用不同原料以不同组织、不同颜色织出的复合织物，还用于较厚的高级精梳毛织物或织制经起花织物（即色织线呢和色织薄型织物）等。

（一）设计要求

经二重组织由两个系统经纱即表经、里经和一个系统的纬纱交织而成（图 3－2）。为了在织物正反两面都具有良好的经面效应，表经的组织点必须将里经的经组织点遮盖住。因此，表里组织需合理的配合，方能达到上述要求。

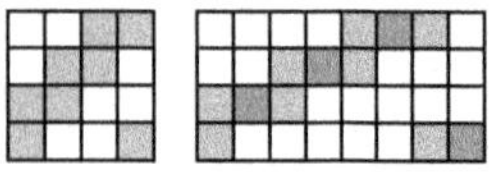

图 3－2　经二重组织

（二）程序框图

复杂组织的程序设计框图大体相同，现以经二重组织为例加以说明，如图 3－3 所示。

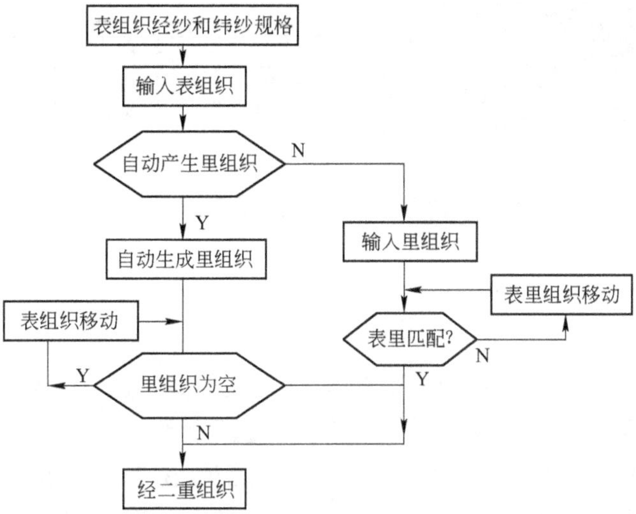

图 3－3　经二重程序图

(三)实例示范

1. 自动生成经二重组织

(1)做表组织。点击“求组织图”——“缎纹组织”，弹出对话框，如图 3－4 所示。输入相关参数，点击“确定”，则屏幕上出现一表组织如图 3－5。亦可用其他方法做表组织，但要是经面组织。

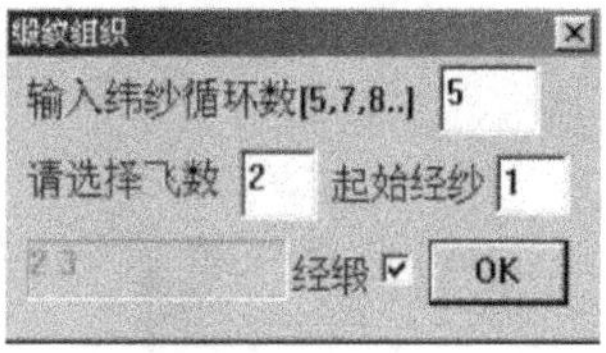

图 3－4　表组织

(2)确认经面组织。点击“表里组织”/“表面组织”，则弹出一对话框(图 3－6)，点击“确定”。

(3)确认纬面组织。点击“表里组织”/“里面组织”，则弹出一对话框如图 3－7 所示。点击“确定”。此时，虽然屏幕上未显示新的组织图，但计算机已默认自动生成纬面组织。

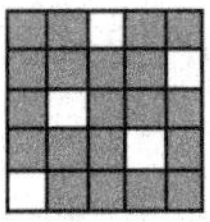

图 3－5　缎纹组织

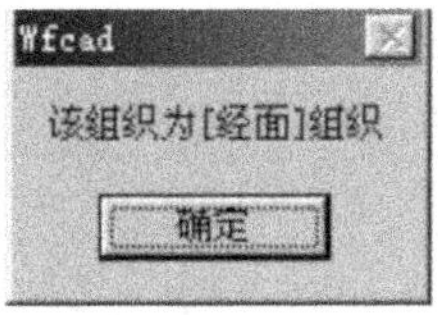

图 3－6　经面组织确认

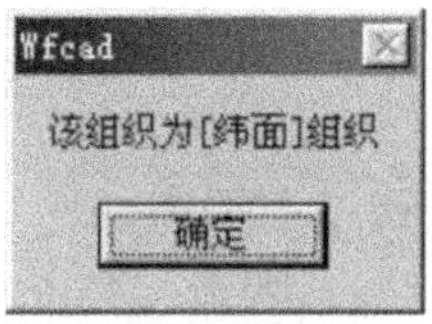

图 3－7　纬面组织确认

(4)自动生成经二重组织。点击“表里组织”/“经二重组织”，则弹出一对话框问：“自动生成里组织”，点击“是(Y)”。则系统自动生成以经二重的里组织，如图 3－8 所示。

2. 不自动生成经二重组织

(1)做表组织。点击“求组织图”后，选用某一组织图方法。输入相关参数，点击“确定”，则屏幕上出现一表组织。亦可用其他方法做表组织，但要是经面组织。

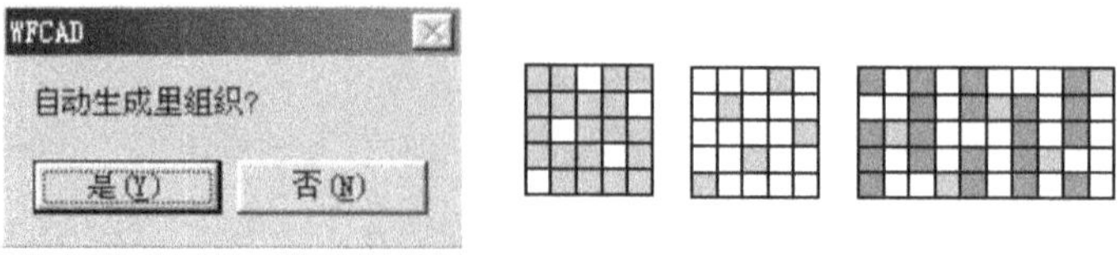

图 3－8　自动生成里组织

(2)确认表组织。点击“表里组织”/“表面组织”,则弹出一对话框(图 3－7),点击“确定”。

(3)做里组织。点击“求组织图”后,选用某一求组织图方法,弹出对话框,如图 3－9 所示。点击“是”,则生成一里组织(注:做里组织要是经面组织)。

(4)点击“表里组织”/“里面组织”,则弹出一对话框(图 3－6),点击“确定”。

(5)不自动生成经二重组织。点击“表里组织”/“经二重组织”,则弹出一对话框(图 3－8)“自动生成里组织”点击“否(N)”,则系统将刚才的组织绘制生成经二重组织。

如表组织采用$\frac{3}{1}$右斜纹,反面组织采用$\frac{3}{1}$左斜纹,比例为 1∶1 的经二重组织的结果如图 3－10 所示。

图 3－9　组织图信息确认

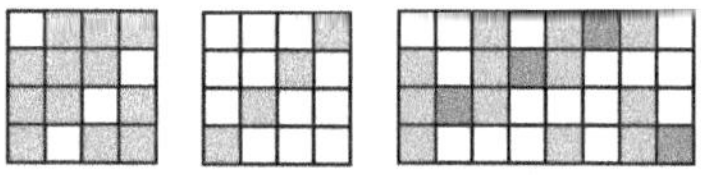

图 3－10　经二重组织

3. 经二重组织的存取

这种组织不能像普通设计的组织一样保存,要先在 D 盘里新建文件夹。再点击“复杂组织”工具栏中的“保存”,找到新建文件夹,填好名称点保存,即可完成。

二、纬二重组织

纬二重织物和经二重织物一样是二重组织。纬二重织物是由一组经纱和两组纬纱交织而成。纬二重组织应用较多,通常用于制织毛毯、棉毯、厚呢绒和厚衬绒等,也有用于工业用织物,如滤尘布。

1. 设计要求　纬二重组织由两个系统纬纱即表纬里纬和一个系统的经纱交织而成,如图 3－11。为了在织物正反两面都具有良好的纬面效应,必须使里纬的短浮长配置在相邻表纬的两浮长线间,使表纬的纬线浮线将里纬的组织点遮盖住。

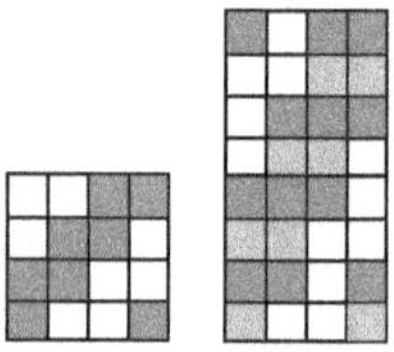

图 3－11　纬二重组织

2. 程序框图　程序框图参见图 3－3 所示。

三、管状组织

管状组织属于复杂组织中的双层组织，即有两个系统各自独立的经纱和纬纱，在同一机台上分别形成织物的上下两层。在表层的经纱和纬纱称为表经、表纬，在下层的经纱和纬纱称为里经、里纬。将双层织物组织的两边缘处连接起来即成管状组织。管状组织可用以制织水龙带、造纸毛毯、圆筒形的过滤布和无缝袋子及人造血管的管坯等织物。

在设计管状组织的织物时，要求选用同一组织作为表里两层的基础组织，表里层经纱的排列比 $M:N$ 通常为 1∶1，表里层投纬比应为 1∶1，里层组织与表层组织互为底片翻转关系，但其起始位置取决于第一纬纱投纬方向的不同，如图 3－12 所示。

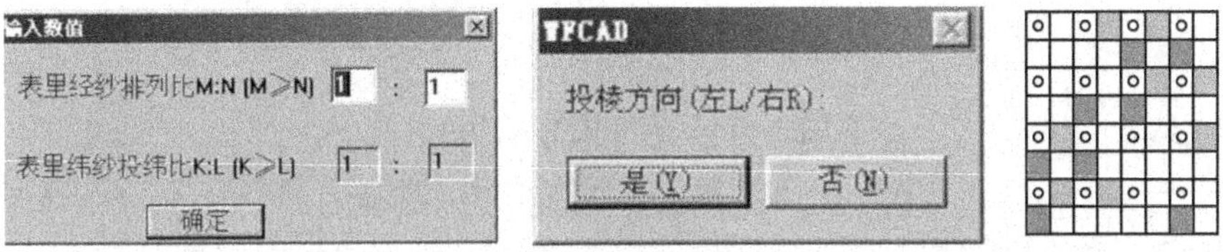

图 3－12　管状组织参数输入

四、双幅组织

当双层织物仅在一侧进行连接的时候，就形成了双幅织物。可以获得比上机幅度大一倍的阔幅织物。这类组织在毛织物中应用较多，如造纸毛毯。

使上下两层织物仅在一侧连接，因此双幅织物的表里纬纱排列比必须是 2∶2，如图3－13 所示 。表里层经纱排列比（$M:N$）可为 1∶1 或是 2∶2。

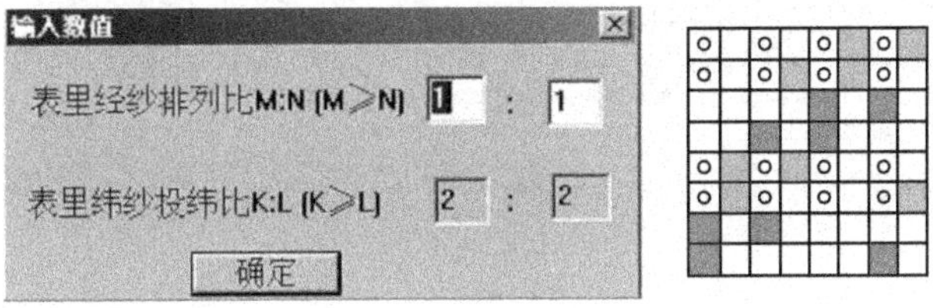

图 3－13　双幅织物

五、接结双层组织

接结双层组织织物是依靠各种接结方法使分离的表里两层紧密地连接在一起，而构成一个整体的织物。这种组织在毛、棉织物中应用较广，一般常用于制织厚呢、厚重的精梳毛织物、家具布以及鞋面布等。

接结双层组织可分为表经接结双层组织（上接下法）、里经接结双层组织（下接上法）、联合接结双层组织。

1. 接结双层组织的类型

（1）表经接结双层组织（上接下）如图 3－14 所示，其表面组织一般选用纬面组织或同面组织，而里组织则选配经面组织或同面组织，表里经纱排列比一般选用 1∶1 或 2∶1，确保表经向下接结时，里纬组织点突出而又能被表纬所盖住。如表面组织选用$\frac{2}{2}$右斜纹组织，里组织也选配$\frac{2}{2}$右斜纹组织，表里经纱排列比选用 1∶1，则可自动生成如下的接结双层组织的组织图。

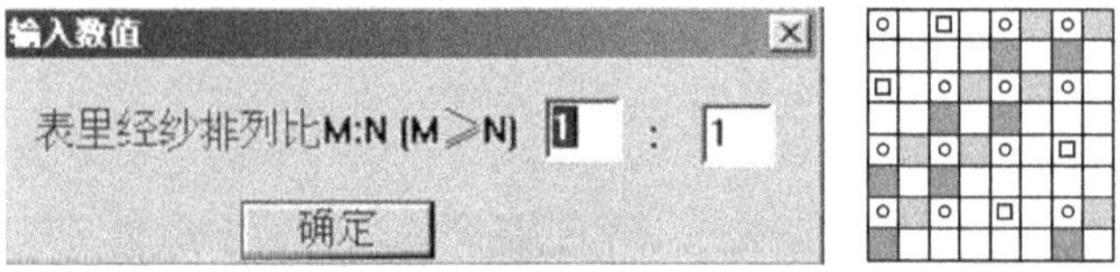

图 3－14　表经接结双层组织

(2)里经接结双层组织(下接上) 如图 3－15 所示，其表面组织一般选用经面组织或同面组织，而里组织则选配纬面组织或同面组织。表里经纱排列比同样选用 1∶1 或 2∶1，确保里经向上接结时，突出的里经组织点能被表经所盖住。如表面组织选用$\frac{2}{2}$右斜纹组织，里组织也选配$\frac{2}{2}$右斜纹组织，表里经纱排列比选用 1∶1，则可自动生成如下的接结双层组织的组织图。

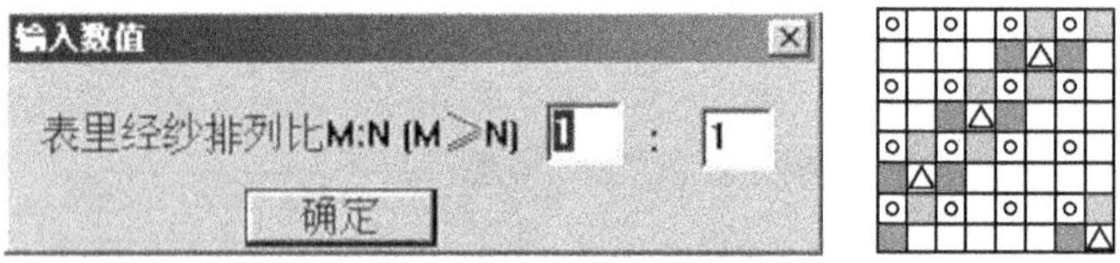

图 3－15　里经接结双层组织

(3)联合接结双层组织如图 3－16 所示，既有表经接结又有里经接结，因此其表面组织和里组织最好选用同面组织。表里经纱排列比仍可选用 1∶1 或 2∶1，确保表经向下接结时，里纬组织点突出而又能被表纬所盖住；里经向上接结时，突出的里经组织点又能被表经所盖住。如表面组织选用$\frac{2}{2}$右斜纹组织，里组织也选配$\frac{2}{2}$右斜纹组织，表里经纱排列比选用

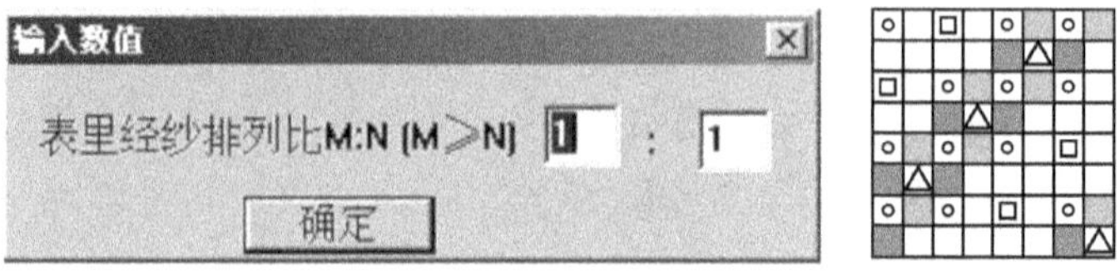

图 3－16　联合接结双层组织

1∶1，则可自动生成如下的接结双层组织的组织图。

2. 设计要求　在织表层时，里经提起与表纬交织，由于里经提起，如在表里层颜色不同时易产生漏底现象。因此在确定接结点组织时，应使接结点位于两表经长浮线之间，避免漏底现象。同样，在织里层时，若表经向下与里纬交织，由于里纬组织点的突出，也担心产生漏底现象，应使突出的里纬组织点位于两表纬长浮线之间。在实际生产上，接结点的数量可以不需太多。

六、表里换层双层组织

表里换层双层组织是在一般双层组织的基础上，仅以不同色泽的表经与里经、表纬与里纬，沿着正反两面利用色纱交替织造形成花纹。要满足表里交换的对等性，表里经纱排列比和表里纬纱投纬比都应选择 1∶1，表面组织和里组织的组织循环大小也应考虑一定的对等性。图 3－17 是表里换层双层组织的表里经纱排列比和表里纬纱投纬比的参数选择。

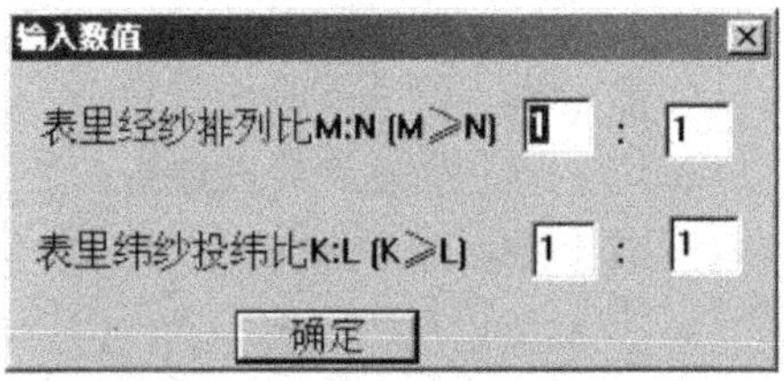

图 3－17　表里换层双层组织参数输入

表里换层双层组织的设计，关键在于弄清表里交换时的显色规律。在图 3－18 中，表示了表里经纬纱在不同交换状态下的显色规律。

(1) 甲经甲纬构成表层，如图 3－18(a) 显甲色。

(2) 甲经乙纬构成表层，如图 3－18(b) 显甲色和乙色。

(3) 乙经乙纬构成表层，如图 3－18(c) 显乙色和甲色。

(4) 乙经甲纬构成表层，如图 3－18(d) 显甲色和乙色。

七、穿综图设计

1. 分区穿综设计　在经二重组织、接结双层组织和毛巾组织中，都用到了分区穿法(图 3－19)，即将表经穿前区，里经穿后区。

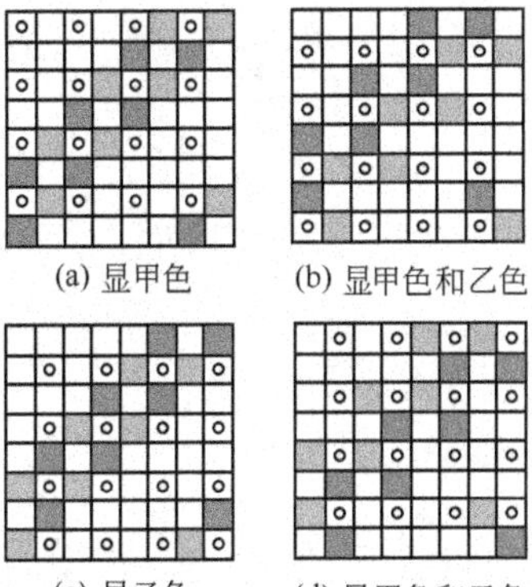

(a) 显甲色　(b) 显甲色和乙色

(c) 显乙色　(d) 显甲色和乙色

图 3－18　表里换层双层组织图

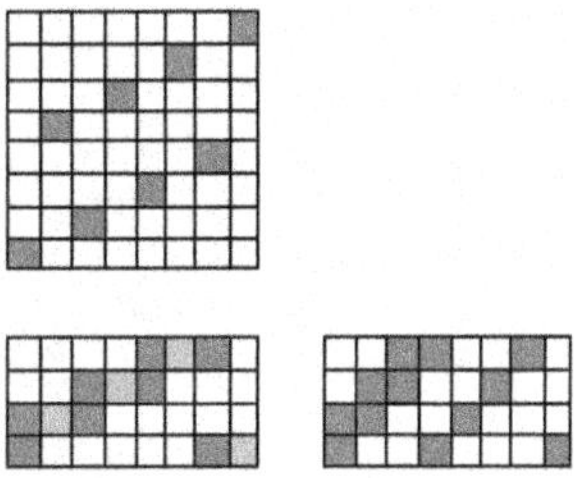

图 3－19　分区穿法

2. 照图穿法 对于二重组织，一般用顺穿法或照图穿法，而管状、双幅组织可用分区穿法，也可用顺穿法和照图穿法。

八、织物组织图的配色

织物组织图的配色和配色模纹图设计参见第二章的第五节内容。

思考题

1. 简述纬二重组织的设计要点。
2. 简述经二重组织的设计要点。
3. 简述管状组织的设计要点。
4. 简述表里换层双层组织的设计要点。

上机实验

应用机织物复杂组织 CAD 系统，设计单层或重纬、重经、管状组织织物。

第四章　机织物纹织 CAD 系统

本章知识点

1. 提花机工艺参数设计计算方法。
2. 意匠图的勾边设计、影光设计、泥地设计、间丝设计等设计方法。
3. 样卡的设计原理，纹板信息处理原理。
4. 纹织 CAD 系统功能、结构及使用方法。

随着计算机在各领域的广泛应用，纹织 CAD 系统已经成为纺织提花行业进行产品设计和生产的有效工具，它在许多厂家已部分或全部取代了传统的手工设计，其工作效率和准确性是传统方法不能与之相比的。

纹织 CAD 系统是典型的图形图像处理系统，其开发过程主要包括图形工具的建立、调色板的制作、意匠设计和纹板轧制四个方面。对于前两者要求建立起一套完备的绘制几何工具，而对于后两者则需要按专业的提花织物生成纹样图与实现纹板仿真效果，达到电脑提花的目的。

本章根据提花机工作原理，进行了工艺参数设计以确定纹样尺寸等参数；对扫描的纹样图像进行意匠处理；对意匠图设计中的勾边、影光、撇丝、泥地、间丝技术提出了相应的数学模型；对纹样仿真所必需的样卡设计、目板穿法、绘地组织、纹板轧制进行了建模；考虑了提花织物的光照效应，进行了真实感仿真。

第一节　纹织物 CAD 系统算法建模

纹织物的真实感仿真主要从工艺参数计算、意匠图设计、意匠处理、样卡设计、纹板轧制、配色经色纬规律以及光照效果来对布样进行外观模拟仿真。提花纹织物真实感仿真系统的总体结构如图 4－1 所示。

一、纹织物工艺参数的设计

工艺参数的设计直接影响到纹样的尺寸大小和纹样组织的连续性，是提花纹织物仿真的基础。工艺计算主要是确定纹针数及意匠图纵横格数。

1. 纹针数　纹针数是织造一个基本纹样花型的工艺针数，它的多少主要与花纹幅度、经密大小及把吊数有关。

$$纹针数=\frac{一个花纹循环经丝数}{把吊数\times造数}=\frac{成品经密\times内幅}{花数\times把吊数\times造数}=花纹幅数\times\frac{经密}{把吊数\times造数}$$

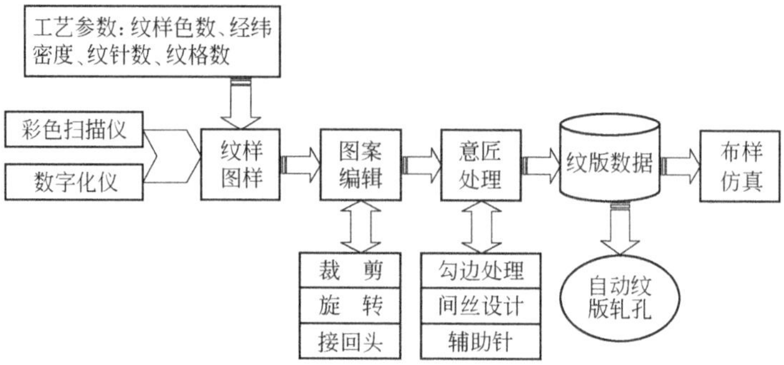

图 4-1 纹织物真实感仿真系统的总体结构

其中，把吊数是指一根纹针在一个花纹循环内管理的经丝数；造数是根据花数在目板上划分的区域数。

$$可用纹针数 = 实有纹针数 - 辅助针数$$

根据以上公式计算数，在应用时必须作如下修正。

①选用的纹针数应是地组织经丝循环的倍数，否则会使花界处的地组织不能连续，造成瑕疵。对重经或重纬等组织，必须考虑表里地组织循环。

②选用的纹针数应是 8 或 16 的倍数，以利于意匠、纹板轧制用装造工作。

③双造时，纹针数按一造进行修正；大小造时，按大造纹针进行修正。在造纹针时，还必须符合大小造经丝比例的倍数。

为便于品种变换，应优先选用以下纹针数：720 针、800 针、960 针、1080 针、1200 针、1280 针、13201 针、1440 针。

2. 意匠图纵横格数 花型纹样通常在意匠纸上进行数学描述。意匠纸以一纵格代表一根经线，一横格代表一根纬线，则工艺参数计算公式为：

$$成品花区总针数 = \frac{成品花区宽 \times 经密}{10 \times 把吊数 \times 花数}$$

$$意匠纵格数 = 成品花区总针数$$

$$意匠横格数 = \frac{纹样长度 \times 纬密}{重纬数}$$

在确定意匠纸规格的计算中，要考虑到重纬数、把吊数和造数。当 Y_j、Y_w 分别表示意匠纸纵、横格密度时，有：

$$\frac{Y_j}{Y_w} = \frac{经密}{纬密}$$

若取 $Y_w = 8$，则有：

$$Y_j = \frac{经密}{纬密} \times 8$$

二、意匠图绘制及设色处理

意匠图是织造纹织物的一个重要环节，是纹样和组织结构相结合的过程。意匠绘制是在选定的意匠纸上将纹样放大，填入相应的组织，使平面图案成为立体的组织结构表现方式。

通常在意匠图上设置不同的颜色表示不同的组织，不同的组织在轧纹板时是按不同的轧法进行的，通常设色是在封闭的图案内进行。

本章借扫描种子算法的原理，再结合意匠图设色的工艺要求，编制了相应的计算机算法。

算法的基本思路是：预先确定一封闭区域内设色填充的种子点，从这坐标值开始向周围扫描意匠格并以选定的设色颜色（调色板的当前颜色）填充意匠网格，直到扫描到边界色后回溯再扫描，这样不断的扫描直到封闭区域内全部填充完毕。算法描述如下：

```
start:
选定设色的颜色 m_forecolor，响应 OnRButtonDown( )消息
for( 获每一行当前点坐标 x,y 以及该点的 RGB 颜色值 fcolor)
if( m_forecolor = fcol)    paint( x,y,color)//填充当前意匠格
next   另一行图像坐标
  Finish
```

（一）勾边设计

纹织物花纹轮廓是由各根经纱的升降形成的，因此必须把纹样的轮廓曲线转化为组织点曲线，这一过程称为意匠图勾边。勾边时既要考虑到花组织与地组织的配合及装造条件，以保证花纹轮廓清晰，防止游离组织点的产生，同时又要照顾到花纹曲线的圆滑与美观。传统的勾边方法主要是靠设计人员手工完成，这样不仅费时费力，而且极易出错，同时错误发生之后较难发现修改，特别是对于大型复杂的纹样图案。本章对单起平纹勾边、双起平纹勾边、双针勾边、双梭勾边、双针双梭勾边和三针三梭勾边推导出了计算机算法，采用人机交互式方法，由计算机来完成勾边处理。

1. 单起平纹勾边　纹织物的地组织为平纹，花组织为经花，且为单把吊上机装造，勾边时要求逢单点单，逢双点双。具体地说就是勾边起始点放在单数横直格相交或双数横直格相交的格子里，以后纵横向过渡均为奇数。这样就能保证花组织经浮长与地组织完全吻合，保证意匠图勾边与实际效果一致，否则就会导致花部经浮长与地部经浮点相接，使花纹花部经丝延伸，从而轮廓变形。

2. 双起平纹勾边　纹织物地组织为平纹，花组织为纬花，勾边时要求逢单点双或逢双点单。具体地说就是勾边起始点落在单数横格与双数直格相交或双数横格与单数直格相交的格子里，以后纵横过渡均为奇数，使花纹轮廓的纬浮点与地部经浮点相接，不致产生花纹纬丝的延伸。

3. 双针勾边　横向以 1、2 及 3、4 为双格过渡单位，纵向自由过渡，目的是为了防止游离组织点使花纹轮廓不清。这种方法适用于两根纹针为单位的 1、4、2、3 或 1、3、2、4 经纱跨穿织物以及大小造 2∶1 花纹勾边。

根据勾边特点可知 1、2 及 3、4 双格偶数过渡，则对应的纵列上的颜色分布状况相同。对于每二列中的后一列（$2 \times n$）的各意匠格按种子填充[18,47－48]的方法求出每段花区，之后使此二列（$2 \times n, 2 \times n-1$）的意匠格颜色分布相同即可。

4. 双梭勾边 纵向以 1、2 及 3、4 为双格过渡单位，横向自由过渡，主要用于双把吊上机、两梭纬纱为一组的具有相同的花纹轮廓的情况。根据勾边时纵向 1、2 及 3、4 双格过渡特点，其对应两横行颜色分布状况相同，对每两行后一行（$2 \times x$）实行种子填充子法求出每段花区，之后使两行颜色分布状况一致。

5. 双针双梭勾边 勾边时纵横向均为 1、2 及 3、4 双格偶数过渡，适用于地组织为方平的纹织物。按其勾边特点，可以把纵向 1、2 及 3、4 双格过渡作为一个新的纵向自由过渡，而此时纵向每一格由原来的两格组成。这样转化之后，双针双控勾边就转化为双针自由勾边，按新的双针自由勾边结束后，把纵向的一格按照原来结合的规律分解成对应的两格，这样就完成了双针双梭勾边。

6. 三针三梭勾边 勾边时纵横向均为 1、2、3 及 4、5、6 三格过渡，适用于某些纱罗组织或$\frac{3}{3}$方平组织等的纹织物。由其勾边特点可以把纵向 1、2、3 及 4、5、6 三格过渡作为一个新的纵向自由过渡，而此时纵向一格由原来的三格组成。这样转化之后，三针三梭勾边就变成三针自由勾边，按新的三针自由勾边结束后，把纵向的一格按照原来结合的规律分解成对应的三纵格，这样就完成了三针三梭勾边。

勾边设计框图如图 4－2 所示。

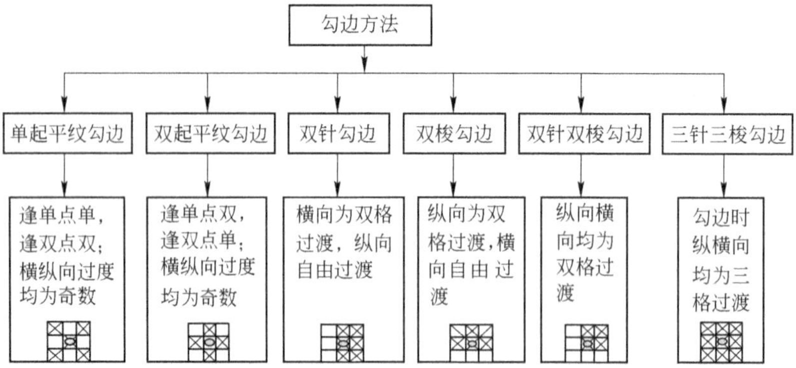

图 4－2　勾边设计框图

由于不同的花纹轮廓的勾边要求不同，所以自动勾边前需输入勾边参数。勾边参数分为：

Gbx：X 方向的勾边纹针数；

Gby：Y 方向的勾边纹针数；

Qbx：为勾边组织 X 方向坐标起点；

Qby：为勾边组织 Y 方向坐标起点。

勾边设计的具体算法如下：

```
获取种子点勾边颜色到 kbcolor;
for(每一行图像)
{  扫描读取每一点图像颜色到 dc;
  if(kbcolor 与 dc 不相同)//  判断所读取的图像颜色 dc 是否与种子点颜色 bkcolor 相同;
   {
switch(勾边方法)  //采用某一勾边方法所需的颜色填充;
{//采用 3×3 窗口包围每一个图像中心点,再根据中心像素点的勾边属性分别处理;
1. 单起平纹勾边,中心点是单起点,Gbx=1,Gby=1,Qbx=0,Qby=0;
2. 双起平纹勾边,中心点是双起点,Gbx=1,Gby=1,Qbx=1,Qby=0;
3. 双针平纹勾边,横向为双格过渡,Gbx=2,Gby=1,Qbx=1,Qby=0;
4. 双梭勾边,纵向为双格过渡,横向自由过渡,Gbx=1,Gby=2,Qbx=0,Qby=0;
5. 双针双梭,纵向横向均为双格过渡,Gbx=2,Gby=2,Qbx=0,Qby=1;
6. 三针三梭,勾边时纵横向均为三格过渡,Gbx=3,Gby=3,Qbx=0,Qby=1;}
end if
}
else{采用 kbcolor 颜色填充;}
end if
finish
```

(二)影光设计

根据影光生成机理,在基础组织的基础上逐步增强或减弱,使组织点向经面过渡或向纬面过渡,产生的增强组织的组合即阴影组织。根据基础组织和加强方向的选择,它可分为直丝影光、横丝影光和斜丝影光。

1. 直丝影光　以缎纹组织为基础,选经向为组织点的加强方向。根据处理对象的大小和基础组织的经向循环数,可将图像按经向划分为四个区域,即浓、渐浓、渐稀、稀四部分。将浓度值 i 作用于随机函数 RND,取得的组织点的加强长度,使得影光组织变化多端,花纹更加生动活泼,如图 4-3 所示。

生成直丝影光的算法如下：

```
选取一基本缎纹组织,如五枚三飞纬缎
for(扫描一行图像)
  for(扫描一列图像)
    计算该点的图像纵向横向格子坐标;
    判断该图像格子点在该封闭的图形区域内;
    计算经向加强长度 w;
```

根据 w 得到经向扩展的缎纹组织来覆盖该图像格子；

next 另一列

next 另一行

Finish

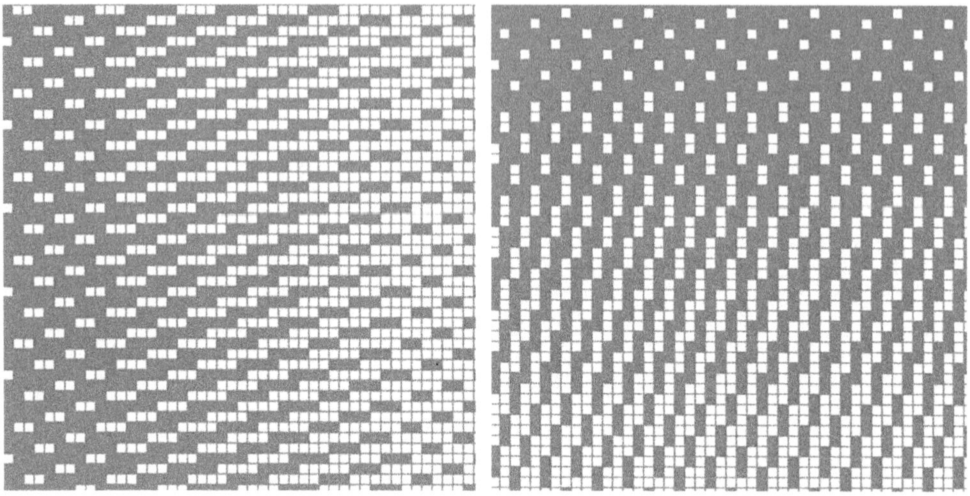

图 4-3　直丝影光、横丝影光

2. 斜丝影光　以斜纹组织基础进行组织加强，根据斜纹组织的特点，组织点以 45 度角偏移。同样，根据图像的大小将图像按 45°斜角方向划分成若干区，各区域以不同的权值反映其浓淡疏密。

横丝影光和斜丝影光的算法与直丝影光原理相似。横丝影光的特点与直丝影光相似。

（三）泥地设计

根据泥地的形态，常用颗粒泥地、爆笔泥地和冰片泥地。

1. 颗粒泥地　颗粒泥地形态如一把撒开的米粒，颗粒由粗到细，由浓到淡，呈不连续状。一般大颗粒为三四梭，小颗粒为一二梭。根据纹织工艺的要求，在颗粒泥地的设计过程中以中心点为基点，对半径不断增大的一组同心圆分别用喷笔喷涂。在程序设计过程中，由于系统随机函数的随机性并不令人满意，形成颗粒泥地时，为避免横、直、斜路出现“米”字形。系统对出现“米”字形情形作出判断处理。颗粒泥地的效果图如图 4-4(a)所示。

颗粒泥地算法如下：

获取当前种子点颜色

for(每一行图像)

参照扫描线种子算法，从左至右，从下至上扫描该封闭区内的图像点；随机生成颗粒 x 坐标，生成颗粒 y 坐标；

保存颗粒 x 坐标、y 坐标；

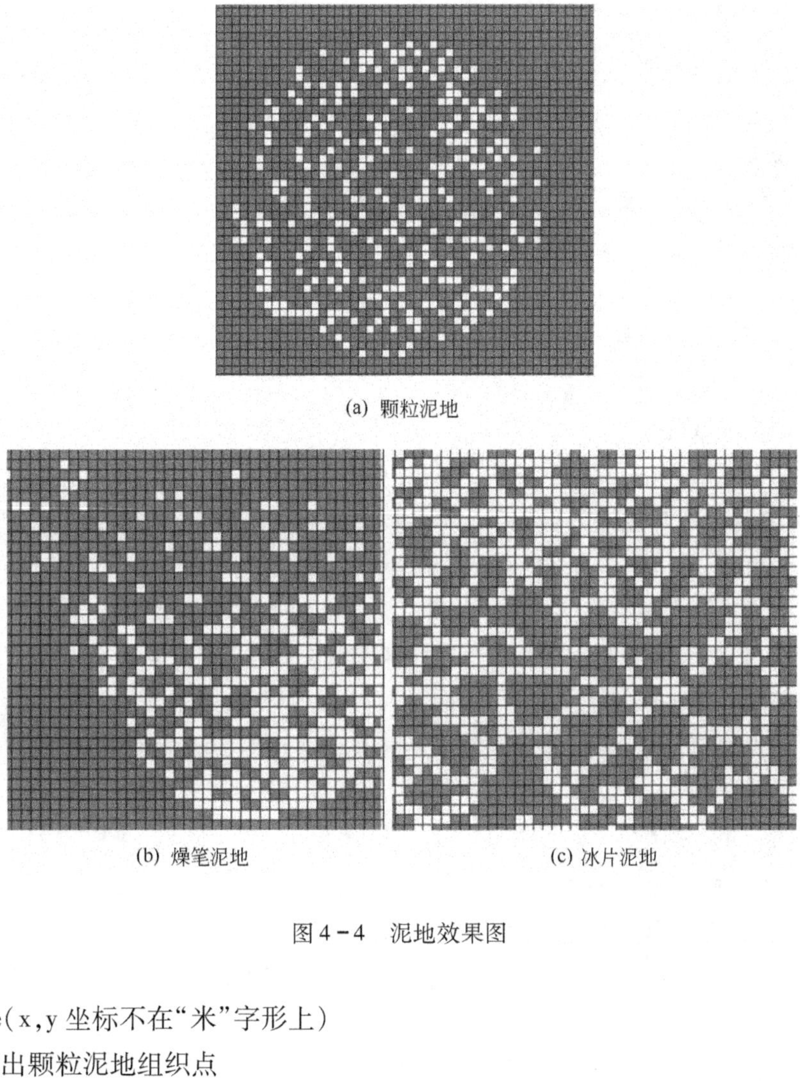

(a) 颗粒泥地

(b) 燥笔泥地　　(c) 冰片泥地

图 4－4　泥地效果图

while(x,y 坐标不在“米”字形上)
　画出颗粒泥地组织点
　随机生成颗粒 x 坐标,生成颗粒 y 坐标;
end while
next　一行图像
Finish

2. 燥笔泥地　燥笔泥地有从粗到细的影光,到了最细的地方几乎失去形状和方向,常用于有形状的花瓣和叶子。根据燥笔泥地组织点由浓到淡变化的特点,可将处理对象划分为厚泥地和稀泥地两个区域。利用喷雾方法,每次喷一块,再移动一距离。各个喷雾重复操作的次数决定于所在的区域的大小。由于喷雾重复操作的次数按一定规律(递增或递减)变化,而块内操作受随机函数控制,这就使得燥笔泥地具有一定的随机性。图 4－4(b)所示为其效果图。

燥笔泥地算法如下:

获取当前种子点颜色

```
for(每块区域)
    计算该块区域的大小、宽度
    随机生成泥地 x、y 坐标;
    判断每一扫描点在该封闭区内的图像点;
    保存泥地 x、y 坐标;
      while(泥地 x、y 坐标在该封闭区内)
        画出泥地组织点
        随机生成泥地 x、y 坐标;
      end while
next 另一块区域
Finish
```

3. 冰片泥地　冰片泥地如敲碎的冰块,形状大小不一,有三角形、多边形等大小块状,大的块状十多棱,小的也有二三棱,块块不相连,不重叠,界路宽窄不一。因此,在设计过程中可选择一定大小的虚拟框,从一定大小的色块中心根据虚拟方框在图形对象中的位置来确定裂缝宽度,并向上下左右四个方向作一定程度的延伸扩展,构成一个经纬宽度均不超过一定浮长的不规则多边形冰块。然后,先向纬向再向经向,根据前一冰块所得的边界值确定虚拟方框的顶点坐标,以同样的原理画出下一冰块。冰片泥地的效果图如图 4－4(c)所示。

冰片泥地算法如下:

```
获取当前种子点颜色
for(每个不规则多边形冰块)
    选择并计算一虚拟框区域位置、大小、宽度
    根据虚拟方框在图形对象中的位置来确定裂缝宽度;
    随机生成冰片 x、y 坐标;
    判断每一扫描点在该封闭区内的图像点;
    while(冰片泥地 x、y 坐标在该虚拟框内)
        构成一个经纬宽度均不超过一定浮长的不规则多边形冰块;
    画出冰片组织点
    随机生成冰片 x、y 坐标;
end while
不规则多边形冰块从上下左右四个方向作一定程度的延伸扩展;
next 另一块区域
Finish
```

(四)间丝设计

意匠的间丝点主要用于切断织物表面纱线浮长,防止纱线上下左右滑移,增加牢度。好的间丝点还能增强花纹的立体感和层次感。通常,间丝的种类有三种:平切间丝、活切间丝、花切间丝。间丝效果如图 4－5 所示。

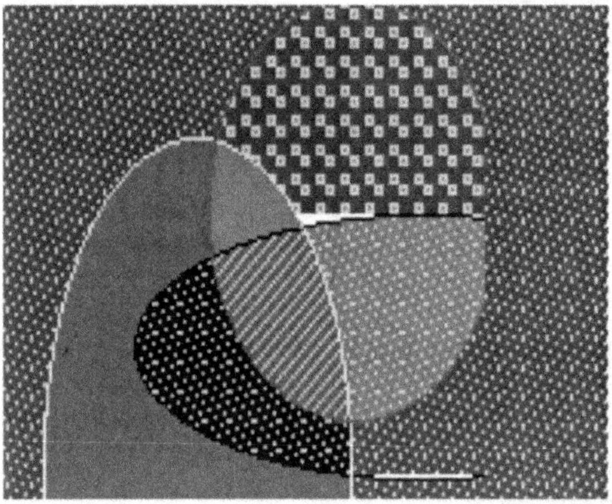

图 4－5　间丝效果图

平切间丝的间丝点是按缎纹、斜纹等有规律的组织进行分布。平切间丝点分布均匀，适宜大面积布局。本系统提供了一上三下右斜纹，八枚三飞、五飞缎纹以及人工输入间丝组织这几种间丝方法，它们都是按平切间丝的方法来实现。

活切间丝的间丝点是顺着花形叶脉的姿态点绘而成，使间丝点成为花纹的一部分。由于这种间丝点规律性小，只能通过类似意匠修改的方法直接点绘间丝点。

花切间丝的间丝点是按着一定的曲线或几何图形来分布的间丝方式。采用了手工间丝与自动间丝相结合的方式，提供了一个人工输入意匠组织的对话框。此对话框定制了一个最大只有 16×16 的花切间丝组织，通过输入一些有规律的组织可实现花切间丝。

1. 手工间丝　间丝设计的实现过程与设色的实现过程有些类似，通常在封闭的图案内进行间丝。可预先确定一封闭区域内间丝填充的种子点，设定相应的间丝设计标志，调用间丝处理函数进行间丝点的绘制。间丝处理函数内根据不同的间丝组织对间丝组织数组 A 进行赋值，定义了一个大小为 16×16 的数组 A[16][16]来保存间丝组织。变量 N_1、N_2 分别表示经向与纬向组织循环数，N_1 与 N_2 均要求是大于等于 0 小于 16。对于平切间丝的某些固定的组织，对数组 A[16][16]（数组 A[16][16]在每次调用时先对数组全部清零，然后进行上面的赋值，1 表示该组织点是经组织点，0 表示该组织点是纬组织点）定义如下：

（1）一上三下斜纹：A[0][0] = A[1][1] = A[2][2] = A[3][3] = 1，$N_1 = N_2 = 4$。

（2）八枚三飞缎纹：A[0][0] = A[1][3] = A[2][6] = A[3][1] = A[4][4] = A[5][7] = A[6][2] = A[7][5] = 1，$N_1 = N_2 = 8$。

（3）八枚五飞缎纹：A[0][0] = A[1][5] = A[2][2] = A[3][7] = A[4][4] = A[5][1] = A[6][6] = A[7][3] = 1，$N_1 = N_2 = 8$。

程序在绘制间丝点时，通过扫描用户选定的间丝区域，按以上的某一种组织进行绘制。

这个算法十分复杂，需要多次的扫描回溯，并用到堆栈来记录回溯网格的位置。

2. 自动间丝 自动间丝采用与手工间丝不同的是，采取了目前最为流行的图形扫描方法，对图形中相同颜色的区域用同一种组织去填充。相对手工间丝而言，它提高了速度，但不如手工间丝灵活。自动间丝首先调用 ZDJS( ) 函数，然后调用 JS( ) 函数进行间丝点的绘制，JS( ) 函数会根据自动间丝对话框中的索引值确定不同色区对应的不同组织。手工间丝采取了串行的办法，而自动间丝因为对于不同色素要用不同的组织，所以采用了并行的方式，实现的难度增加了许多。数据的传递、绘图、动态变化要采用高级对话框编程，难度系数增大了许多，实现起来相对困难。采用传统的组合框和字符串数据类型已不能达到要求，而变量的定义已不能用常规方式。因此，采用数组运算，使得绘制间丝过程简单易行。而传递数值用了求取索引号的方法，也可以满足用户的需求。其算法流程如下：

```
start:
for(扫描第一行图像颜色到 fcolor)
  if(扫描点是第一点图形)
  设置 first 为 false;
  色素数组长度置 1;
色素值存入数组;
保存当前颜色到 oldcolor;
  end if
获取该点像素值 fcolor 与前一颜色 oldcolor 比较;
if(fcolor = oldcolor) continue;//继续下一行扫描;
oldcolor = fcolor;//替换前一点色素值
if(与数组中元素比较不相等)
  存入数组;
end if
  next 继续扫描下一行图像
Finish
```

最后的间丝则通过将 Memory 数组传入 DLGZZ2 类中绘制矩形色条，选择填充方式，数据传入视图类，调用 ZDJS( ) 函数完成自动间丝功能，获得纹样图。通过间丝得到的纹样图，如图 4－5 所示。

根据扫描种子算法的原理，结合意匠图间丝的工艺要求，编制了相应的计算机算法。间丝设计的基本思路是：预先确定一封闭区域内设色填充的种子点，从这坐标点开始向周围扫描意匠格并以选定的间丝组织填充意匠网格，直到扫描到边界色后回溯再扫描，这样不断的扫描直到封闭区域内全部填充完毕。间丝设计的具体算法如下：

```
subroutine js( int x, int y,COLORREF color)//间丝设计
{int savex,/ * 保存点/xright,/ * 右端点 * /xleft,/ * 左端点 * /search;/ * 寻找条件 * /
布尔条件:NC—当前色等于种子点色;YC—当前色不等于种子点色;
```

BJ1—当前点在边界外;BJ2—当前点在边界内。

```
获取当前种子点颜色 bkcolor = GetPixel(x,y)
  design_clr = color;js(x,y,design_clr);//执行间丝处理
  pushx(x);pushy(y);//把当前坐标点压堆栈
  while(px 不等于 0 或 py 不等于 0)//堆栈不空
  {x = popx();y = popy();//弹出堆栈
    js(x,y,design_clr);//间丝处理
    savex = x;x + = x_w;//x_w—格子宽度
  获取当前点颜色 cvolor = GetPixel(x,y);
  while(color = kbcolor)//往右搜寻当前色等于种子点的点,循环执行间丝处理
{js(x,y,design_clr):x + = x_w;}
end while
      xright = x - x_w;//保存右端点
  x = savex - x_w};//恢复种子点
      while(color = kbcolor)//往左搜寻当前色等于种子点的点,循环执行间丝处理
  {js(x,y,design_clr);x - = x_w;}
      xleft = x + x_w;//保存左端点
  x = xright;
      y + = y_h;search = 1;//y 方向加 1 个高度单位
while(x > = xleft)//当 x 大于左边界
{if(search = = 1)
      if(NC&&BJ2){pushx(x);pushy(y);search = 0;}
      else{if(YC||BJ1)search = 1;}
  x - = x_w;              }
  end while
x = xright;y - = 2 * y_h;//y 方向减 2 个高度单位
search = 1;
while(x > = xleft)//当 x 大于左边界
{
if(search = = 1){if(NC&&BJ2){pushx(x);pushy(y);search = 0;}}
      else{if(YC||BJ1)search = 1;}
      x - = x_w;}        }
      end while                   }
end sub
```

进行间丝点设计时,应注意以下几点。

①间丝点之间的距离取决于花纹光泽和兼顾织物牢度两个方面,一般纹织物的经纬浮

长小于 3 ~4mm。根据不同品种的经纬密度,可预先算出间丝点相距的纵横格数。其经纬最大浮长的纵横格数可按下式计算:

$$成品经密间丝点最大纵格数 = \frac{最大纬丝浮长}{把吊数} \times \frac{造数}{成品经密}$$

$$间丝点最大纵格数 = 最大经丝浮长 \times 纬重数$$

②单层纹织物的间丝要纵横兼顾,即经纬浮长同时考虑。重经纹织物只需考虑纵向经浮长,重纬纹织物只需考虑纵向纬浮长。

③在重经或重纬纹织物中,当里组织为平纹时,为防止平纹露底,表层花纹的间丝点需要配合平纹,即经间丝点需逢单点单或逢双点双,纬间丝点需逢单点双或逢双点单。

④对于需要棒刀和纹针配合提升的间丝,无论在花纹轮廓内或花纹边缘上都必须点足。其他在花纹轮廓边缘处的间丝一般可不必点足,俗称抛边,以便花型饱满。当间丝由棒刀或伏综提升时,意匠图上不必点出。

⑤间丝点应点得完整、清晰、位置正确,便于纹板轧孔。

三、设计样卡

在织造不同品种的织物时,由于花纹大小、花数多少和经线密度的不同,实际使用的纹针数就各不相同。另外,还需轧边针、棒刀针、梭箱针、投梭针等辅助纹针,因品种不同也不相同。因此,必须对全部纹针进行合理安排,确定纹针、边针及其他辅助针的位置,此称纹针样卡,简称样卡设计。在纹板轧孔前,必须首先设计好样卡,使每根纹针在各张纹板上有固定的位置,并和装造工作的通丝吊挂相一致。

1. 设计样卡的基本要求

(1)样卡上的纹针数应等于意匠图纵格数。若织物为分造装造,样卡上必须划出分造界线并指明造数;若织物为混合装造,样卡上需划出各花纹。

(2)界线并注明花纹名称。

(3)在样卡上应标明各辅助针的位置。

(4)样卡正面首端应该用文字表明,以免搞错。

(5)样卡设计应便于轧花操作和保持纹板不易破损,对有棒刀装置的织机,还需考虑提花机负荷均匀等问题。

2. 设计样卡时的注意事项

(1)当纹针有多余时,首先清空零针行;其次,清空零针行旁边的整行,以利于轧花和保护纹板,同时可减少因编带线结子遮盖孔眼而造成的少许病疵。样卡和纹板一样,以大控为界分为三段,各段应用的纹针数应基本均匀,以便提花负荷均匀。前后段应尽量安排得相同,这样在轧花或装造时万一发生样卡掉头放错,也可避免返工,同时也便于左手织机掉头使用。

(2)应用零针行时,一般最多为十二针,以保护大孔周围纹板的牢度,并使每段零针数之和为 8 的倍数,以方便轧花工作。

（3）边针最好排在纹板首端，不要夹在中间，利于挂边时在机前分左右。

（4）棒刀针均匀的分布在纹板首尾，不能夹在纹针中间，以使提花机负荷均匀，同时，可避免棒刀麻线夹起通丝。

（5）梭箱针、投梭针等辅助纹针可以安排在机后零针行或其他方便的地方。

在纹板样卡纸上，用各种不同的颜色代表不同类型的针。通常用一个矩阵表示纹板样卡，用数字代表各种针孔。如“0”代表空针，“1”代表纹针，“2”代表棒刀针，“3”代表小边针，“4”代表大边针等。纹板样卡类型有 100 号、400 号、600 号、900 号、1400 号、2600 号等六种。利用表格技术，可实现上述六种样卡的定义。图 4－6 所示为 900 号样卡。

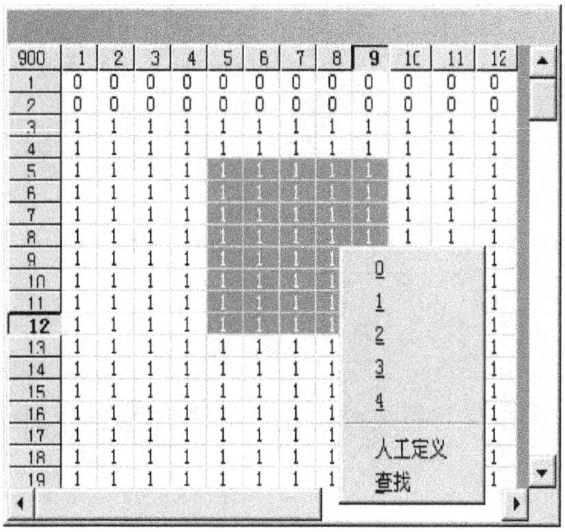

图 4－6　设计样卡

样卡设计只是为纹板轧制提供提综数据位和辅助针控制数据位的模板文件。由于样卡的形状和表格比较相似，而在定义、修改样卡时，也需修改每行每列的各元素，而表格正具有这些功能，因此可采用表格技术对样卡进行设计。设计的样卡可以在样卡编辑器中用鼠标左键拖动拉出蓝色编辑框，再在弹出的选用框菜单中，选“1/2/3/4/”来整体填充。其中：“1”表示主纹针；“2”表示锁边针，“3”表示停卷针，“4”表示起或落毛针。

四、绘制地组织

绘制地组织是在用户选择某一组织后，计算机直接响应绘图计算。从给定的坐标值开始向周围扫描意匠格并以设定的经纱、纬纱的颜色（调色板的前景色与背景色）填充意匠网格，直到扫描到边界后再回溯扫描，这样不断的扫描直到意匠网格全部填充满完毕。

织物组织图是绘在意匠纸上的，而且形状又与一个二维矩阵相似，因此，可以用一个二维矩阵来对它进行描述。

在组织图上，组织点只有两种，一种是经组织点，用☒表示；另一种是纬组织点，用□表示，而且组织图又明确地表明了它由 n_1 根纬纱和 n_2 根经纱构成。因此，只要定义一个二维的、由 $n_1 \times n_2$ 个元素且每个元素为 0 或 1 的矩阵，就可以表示出组织规律。设组织矩阵为 F，则

$$F = \begin{pmatrix} a_{11} & a_{12} & \cdots & a_{1j} & \cdots & a_{1n_2} \\ a_{21} & a_{22} & \cdots & a_{1j} & \cdots & a_{2n_2} \\ \vdots & \vdots & \vdots & \vdots & \vdots & \vdots \\ a_{i1} & a_{i2} & \cdots & a_{ij} & \cdots & a_{in_2} \\ \vdots & \vdots & \cdots & \vdots & \cdots & \vdots \\ a_{n_1 1} & a_{n_1 2} & \cdots & a_{n_1 j} & \cdots & a_{n_1 n_2} \end{pmatrix}$$

式中，$a_{ij} = 0, 1; i = 1, 2, \cdots, n_1; j = 1, 2, \cdots, n_2$。当 $a_{ij} = 1$ 时，⊠表示经组织点；$a_{ij} = 0$ 时，□表示纬组织点 。

例如：

$$F^{\frac{2}{2}\uparrow} = \begin{pmatrix} 0 & 0 & 1 & 1 \\ 0 & 1 & 1 & 0 \\ 1 & 1 & 0 & 0 \\ 1 & 0 & 0 & 1 \end{pmatrix}$$

显而易见，这样规定的矩阵与组织图具有一一对应的关系。组织的设计所对应的算法描述如下：

Start：// 地组织设计

输入组织的第一根经纱组织点规律 Z；

求出经组织大小 N1，纬组织大小 N2；

输入飞数 |PZ| ≤N1 - 1；

if（PZ≥0） PZ = N1 + PZ；end if

将 Z 输入矩阵第一列；

按 PZ 产生其余元素；

Finish；

五、纹板轧制制作模型

（一）纹板简介

纹板是控制提花织机的信息媒体，是纹织 CAD 系统输出的最终产品。目前国内提花织造行业主要采用断续式纹板，进口的少量提花机上采用连续式纹板。提花纹织物品种规格很多，提花龙头及纹板也有许多种规格。断续式纹板有 16 针、12 针和 8 针等多种类型，有 1960 号、1480 号、1200 号、960 号等规格。对于纹板的规格、尺寸要求已有部颁标准。每块纹板根据织物需要结合装造条件要选轧纹针、棒刀针、边针、梭箱针、投梭针、停撬针和换道针等。由于各种织物采用的纹针数、棒刀针数、边针数以及装造类型不同，每个品种织物的

各种针孔在纹板上的位置安排也不同。传统工艺中对不同品种织物的纹板由纹板样卡表示,在样卡上标明该品种所需的各种纹针以及它在纹板上的位置。

1. 纹板信息处理　纹板信息处理就是根据意匠图数据文件、样卡及对边针、辅助针等的具体要求,将它处理成“0”、“1”信息组成的纹板数据文件,其中“0”对应纹板无孔,“1”对应纹板有孔,辅助针组织可由意匠图组织库调出。用这个数据信息控制纹板冲孔机工作,可自动冲出纹板。

纹板信息只用“0”、“1”两个数码,可用二进制数表示。现以样卡主要规格(16×98)为例,可将 8 个针信息压缩成一个字节,一张纹板占用 196 个字节,即两个记录,这样更节省空间,传输速度更快。

2. 纹板轧孔　纹板轧孔又称轧花,是根据意匠图将花、地、边及间丝组织在纹板上进行轧孔的一道工序。纹板上有无孔眼是提花机纹针提升与否的信息。纹板上有孔表示纹针提升(经线提升),纹板上无孔表示纹板不提升(经线不提升)。每张纹板代表一根纬线,反映出在该纬线投入时,经线的提升情况。纹板轧孔是在专门的轧孔机上进行的。轧纹板前,在每张纹板的一端编好号码,编号的一端为首端,有号的一面为正面,这样每张纹板就有首尾表背之分,依次排列整齐后放在纹板箱内。轧孔时,依次从 1 号轧至末号,正面朝上,首端先轧。

纹板上各个纹孔的位置是否需要轧孔,是根据意匠图上的设色符号来决定的。纹板上的有效纹针的位置,由纹针样卡来确定,确定样卡后,纹板上的纹孔与意匠图上的组织点将实现一一对应的关系。当织物为正织时,对应意匠图上的组织点为纬组织点时不轧孔,为经组织点时轧孔;当织物为反织时,对应纬组织点则应轧孔。除特殊情况外,平纹组织的正织和反织轧法相同。

(二)纹板信息生成

一幅意匠图只有变换成纹板信息后才能控制织机织出如意匠图图案所示的织物来。即使是电子提花机,意匠图也需变换成电子纹板才能控制织机上的筛花针动作。因此,必须将意匠图信息变换成纹板信息。

在织造工艺中,每一梭子对应着一张纹板,每一意匠横格对应着一定数量的纹板,而每一纵格对应着上张纹板上一定数量的孔。另外,每张纹板还有一些孔控制织机辅助工作的作用,叫辅助针。通常辅助针有穿线孔、边针、棒刀针、停撬针等,而纹板上纹针及辅助针的排列次序由样卡确定。在纹板信息变换中,意匠图中的每一色块信息按一定的组织变换成相应的纹板上的纹针孔信息,即轧孔与不轧孔,而各种辅助针也存在各自的变换规律。在纹板信息变换时,系统将意匠图上的一行信息根据预建立的轧孔组织库与色号对应关系信息和样卡资料变换成纹板信息,存入纹板数据文件中。

纹板信息生成的过程算法如下:

(1)输入纹板的造数、重数。

(2)建立组织色号的对应关系。

(3)产生纹板的各种要素的有效检查,显示将要建立的纹板信息,包括样卡、重造数、抛道等信息。若无效,转(7)。

(4)建立组织(或意匠、多造、抛道等)纹板。

(5)显示纹板、待用户检查纹板的正确性之后,确定是否保存纹板;若不保存,转(7)。

(6)保存纹板。

(7)返回。

纹板信息变换原理如图 4-7 所示。

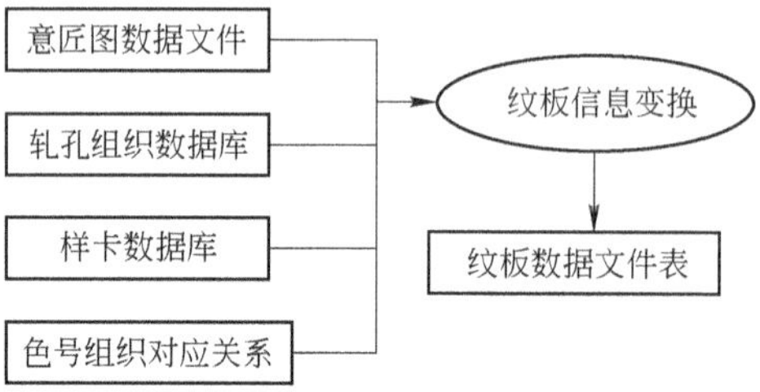

图 4-7 纹板信息变换原理图

建立纹板信息的生成算法描述如下:

Start ://纹板信息建立的算法

输入轧孔组织资料;

选择纹针样卡;

for (读一行意匠图数据)

登记行号 N;

指针指向纹板第 N 行

for (第 N 行,指针指向的第几针)

if (当前数据是纹针区)

纹针坐标变换及查表组织处理;

end if

if (当前数据是辅助针区)

辅助针查表变换;

end if

next 指针指向下一针

纹板数据存盘;

next 下一行意匠图数据信息

第二节 机织物纹织 CAD 系统设计

纹织 CAD 系统主要由工艺参数设计、纹样绘制、意匠处理、样卡设计、目板穿法、纹板轧制和布样仿真等部分组成。

纹织 CAD 系统的主要功能包括:

(1)对纹样可进行一次性扫描或分块扫描后再进行图案拼接。可以确定纹样色数、经纬密度、纹针数、方格数等织物规格数据,在屏幕上显示意匠图效果。

(2)对组织图或图案可以进行任意裁剪、旋转、组合、接回头、叠加变色等图案编辑及纹样设计处理。

(3)可随意修改小样意匠图、去杂色点、进行勾边、间丝设计、辅助组织处理等。

(4)根据意匠图、纹版样建库,自动进行纹针和辅助针处理。

(5)按照纹版处理信息,用计算机控制打孔机自动轧纹版或直接控制经纱运动。

(6)布样仿真。

一、纹织物设计与纹织 CAD 系统设计特点

纹织物是指呈现纹织图案的织物。多数采用色经色纬多种组织形式交织,并在提花机上制织而成。纹织物设计包括规格设计和纹织工艺设计两大部分。规格设计主要包括幅宽、密度、原料、经纬组合、装造形式、平方米重量和工艺流程等设计内容;纹织工艺设计主要有纹样、经纬丝配色、意匠绘法和轧花编制等设计内容。此外,还有意匠绘制、轧花等后道工序。如这些设计工作由人工完成,速度慢、耗时多,特别是大型纹样、多层组织、泥地、花切间丝的提花纹织物,仅意匠绘制和轧花就要耗时数月。这显然和当今市场快速、多变的特点很不协调。

纹织 CAD 系统是用于纹织物设计的专用系统,它利用计算机强大的计算功能和高效率的图形处理功能,改造传统的纹织工艺,实现纹织工艺设计自动化。

(1)对纹样可进行一次性扫描或分块扫描后再进行图案拼接,可以确定纹样色数、经纬密度、纹针数、方格数等织物规格数据,在屏上显示平涂意匠图效果。

(2)对组织图或图案可以进行任意裁剪、旋转、组合、接回头、叠加变色等图案编辑及纹样设计处理。

(3)可随意修改意匠图、去杂色点、进行勾边、间丝设计、辅助组织处理等。

(4)根据意匠图,进行纹板样卡建库,自动进行纹针和辅助针处理。

(5)按照纹板处理信息,用计算机控制冲孔机自动轧纹板或直接控制经纱运动。

二、纹织 CAD 系统总体设计结构

纹织 CAD 系统充分利用了 VC ++6.0 提供的可视化环境,它封装了各种绘图功能(画线、画圆、画矩形等),意匠处理中的间丝,设色修改纹样等各项操作。另外,在用户输入工艺、织物组织、显示纹板功能上取用由 Cdialog(对话框)类派生的各种具有不同功能的对话框类,如 Srgy 对话框类(提示用户进行工艺参数设计)、Xsgy 对话框类(用于显示工艺参数)、Srzz 对话框类(用于输入织物组织)、Dlgzz 对话框类(用于设定颜色填充组织)等。纹织 CAD 系统的结构如图 4-8 所示。

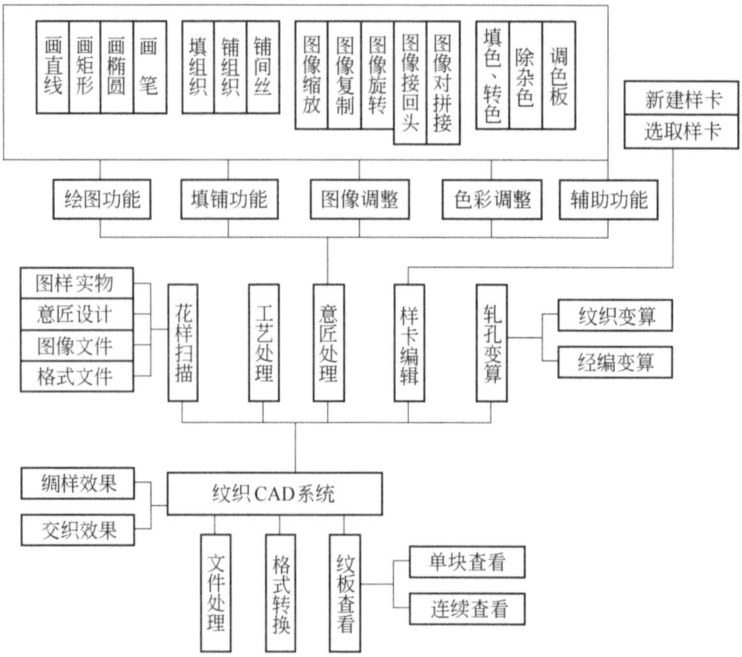

图 4-8　纹织 CAD 系统的结构图

(一)界面设计

考虑到图像处理的方便,纹织 CAD 系统采用多文档(MDI)界面。参照现在流行的图像处理程序的设计,它采用了多工具条和菜单相结合的工作方式；根据 Windows 的界面标准和 CAD 的功能设计,它的主菜单中包含文件、编辑、查看、画图、图像变换、颜色处理和图像处理等主要的菜单项。纹织 CAD 系统包括四个可浮动安置的工具条,即主工具条、画图工具条、画图设置工具条和文字工具条。

(1)主工具条包括文件、编辑、图像变换、颜色处理和图像处理等主要操作。

(2)画图工具条中包含所有的画图工具,如画笔、橡皮擦、矩形等。

(3)画图设置工具条和文字工具条中包含线型、线宽、画线和填充的颜色等操作。

(4)文字工具条中包含文字工具,还包括对齐方式等操作。

它的状态条中应显示图像大小、颜色位数、当前光标位置、长度单位信息。纹织 CAD 系统的界面设计如图 4-9 所示。

(二)工艺设计

纹织 CAD 系统提供了一个工艺参数输入菜单,如图 4-10 所示。根据菜单的提示,可输入机型、辅助针数、织物品种、花区成品宽、纹样长度、花数、装造形式、造数、把吊数、重纬数、基础组织循环经纱数、纬纱数和经纬纱排列比等。根据所输入的参数进行工艺计算,可得出纹样大小、经线数和纬线数等,并可生成相应的工艺文件。

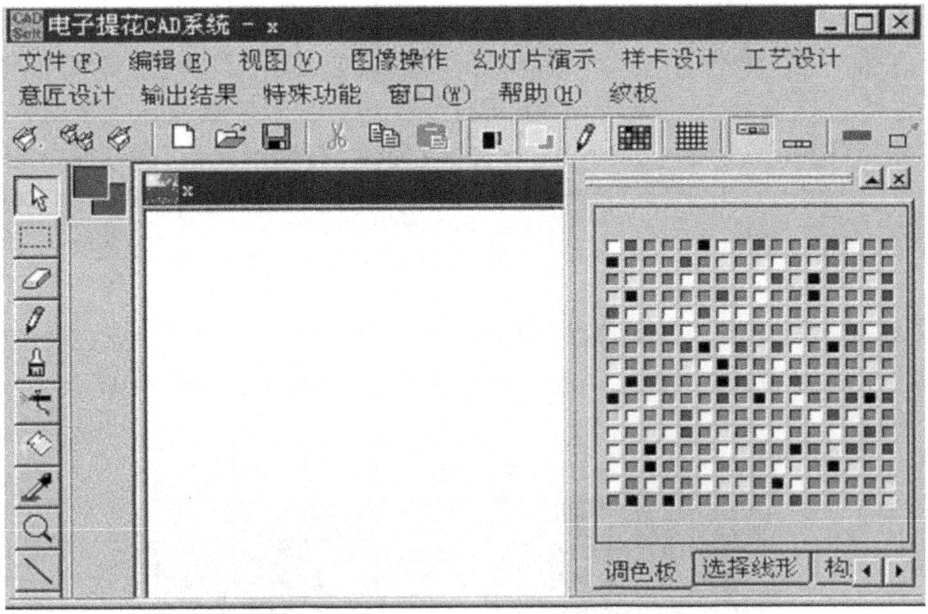

图 4－9　提花纹织物界面设计

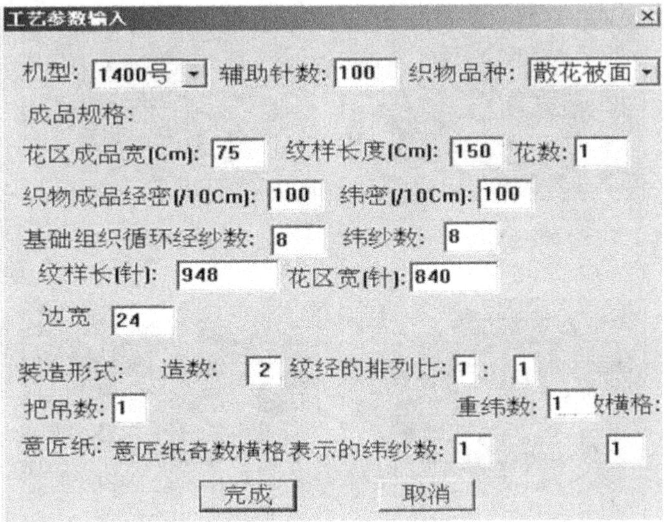

图 4－10　输入工艺参数模块

（三）意匠图的绘制和处理

经扫描或数码设备将图形输入后，一般要进行意匠图的绘制。由于提花纹织物意匠图一般都是由一些封闭的几何图形组成，系统中设计了画椭圆、圆、圆角矩形、点、直线、自由线、多边形、贝塞尔曲线等简单的绘图操作，这些功能基本上满足了绘制意匠图的要求。

由于每个意匠设计中都需要一个单独纹样图，因此，在每次新建一个意匠设计时，都应先初始化一个内存位图(Memory BitMap)。这个初始化过程有两个作用:其一,在还没有输入设计的意匠参数时提供用户一个简单的画图界面;其二,在输入设计意匠参数后可调用此初始化过程。这时只需改变其初始化参数即可重新初始化一个新的位图,此位图所保存的数据就是纹样图的信息。这样,空的内存图初始化完成,它只是计算机内存空间中空出一块内存区域。以后用户可以通过一系列的绘图操作对这空位图进行点、线、圆等的增加,使它成为所需要的意匠图样。

在意匠图绘制后,一般要进行勾边设计、间丝设计、影光、泥地等意匠处理。

1. 勾边设计 纹织 CAD 系统提供的勾边类型有单起勾边、双起平纹勾、双针勾边、双梭勾边、双针双梭、三针勾边、三梭勾边和三针三梭勾边。勾边效果如图 4-11 所示。

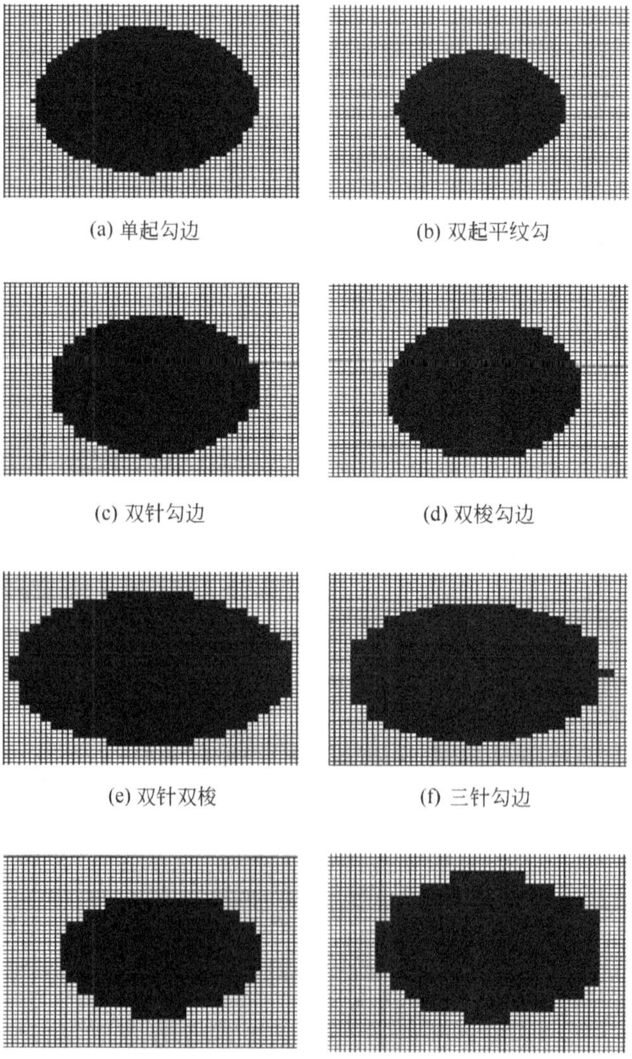

(a) 单起勾边　(b) 双起平纹勾　(c) 双针勾边　(d) 双梭勾边　(e) 双针双梭　(f) 三针勾边　(g) 三梭勾边　(h) 三针三梭勾边

图 4-11　勾边效果图

2. 间丝设计　当用鼠标在某一封闭颜色区域内选取一点后，按右键即可弹出间丝组织选用菜单。当选用某一间丝组织后，系统可自动地在该封闭区域内用该间丝组织填充整个区域。间丝设计效果如图 4－5 所示。

3. 样卡设计　本系统提供的样卡设计主要有选定样卡类形、修改样卡、存储样卡、选取样卡、更新样卡等内容。样卡设计界面及参数输入如图 4－12 所示 。

（1）样卡类型定义。样卡分 100 号、400 号、600 号、900 号、1400 号、2600 号等六种。利用表格技术，在 View 类里，调用 OnScrollYk( ) 函数可实现上述六种样卡的定义。

（2）修改样卡。在已定义的样卡上，还可以采用直接修改或人工定义的方式，对样卡进行修改。

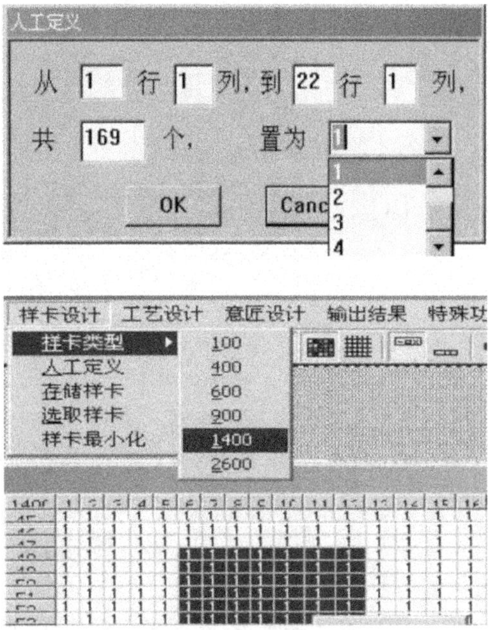

图 4－12　样卡设计

（四）目板穿法

目板穿法是系统结果输出的一部分，穿目板是装造工作的重要环节，依据不同的纹织物结构、装造类型、经纱密度和花纹形态，采用不同的穿法。因穿目板的方法不同，通丝穿入的顺序和分布形式不同，不论采用哪一种都应以纹针和经纱次序为依据。

通过行列数的计算，可绘制出目板的穿行方向，以椭圆表示目板的通丝孔，直线表示穿行方向。

为了提高梭口的清晰度，目板列数应尽量少，所以应首先确定列数，然后再定行数。目板的列数应为每筘的穿入数、地组织循环数、棒刀组织和把吊数的倍数，具体计算公式为：

$$初定列数 = \frac{内经纱数}{(钢筘内幅 \times 目板行密)}$$

$$列数 = 筘号 \times 穿入数/行密;$$

$$每花目板行数 = \frac{内经纱数}{(花数 \times 目板选用列数)}$$

其中目板选用的列数，是根据目板初定的列数而得到的，系统提供的目板穿法界面如图 4－13 所示。

（五）纹板轧制

系统中的纹板轧制有单步轧制、连续轧制、保存与读取工艺、存储纹板、调用纹板、辅助等功能，其界面如图 4－14 所示。

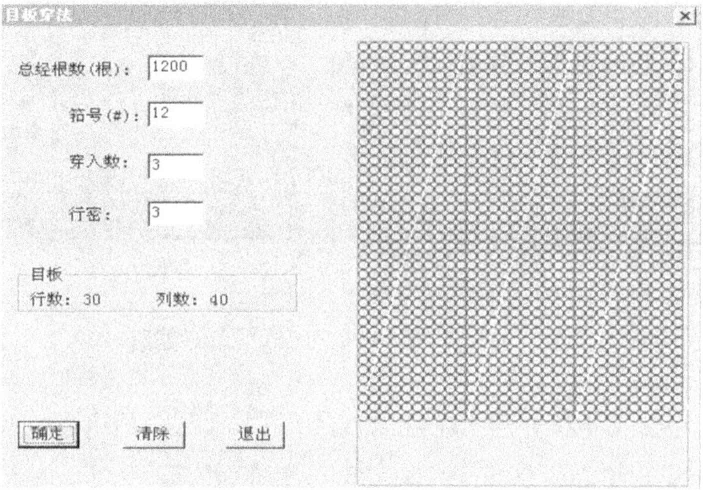

图 4－13　目板穿法界面

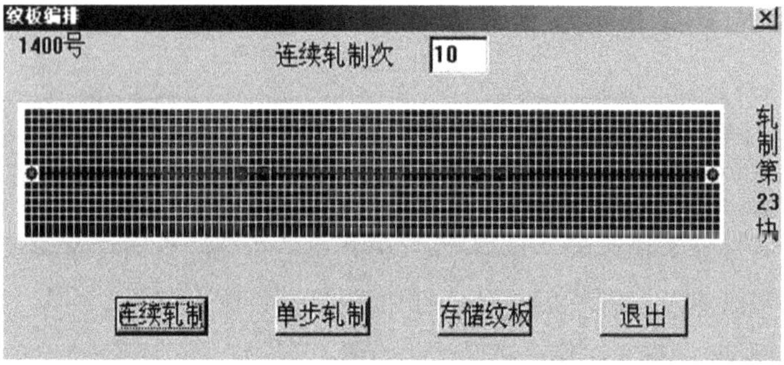

图 4－14　纹板轧制界面

其中保存与读取工艺是按一定的数据格式、顺序的把相关的工艺参数写到磁盘中或从其中读取工艺参数，系统给这些工艺参数的数据文件定义了扩展名 ＊. gy，这些文件只能用本系统打开才有效。对于具有相同工艺要求的同一批图案，重复输入费时又难免出错，从存储的工艺数据文件中读取，既省时又可保证工艺的一致性，可大大提高工作的效率。显示工艺则为操作人员察看提供了方便，便于检查，利于修改。辅助功能有保存工艺参数、读取工艺参数、进行多窗口编辑意匠图、打开磁盘上的位图文件等。

三、纹织 CAD 系统技术的工程应用实例

纹织物 CAD 系统可用于对机织提花、商标、毛巾毛毯、丝绸、床单和手帕等进行设计。

现以多色缎档提花毛巾为例介绍纹织 CAD 系统在开发中的应用流程(图 4－15)。

(一)扫描处理

彩色样经光电扫描后，即使是同色相的颜色也会存在明度和纯度的差异，在计算机的

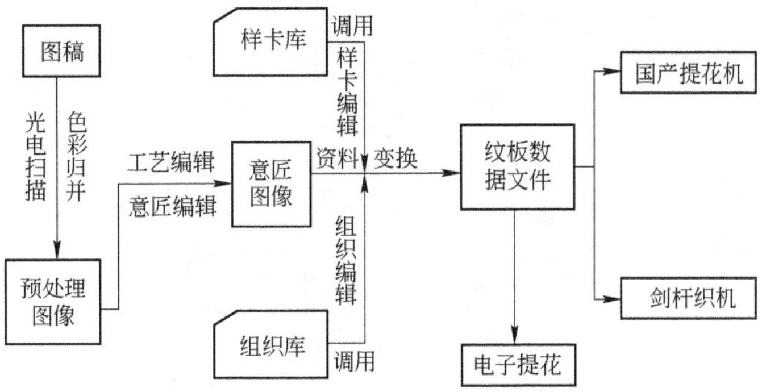

图 4－15　纹织 CAD 系统应用流程

R、G、B 三基色信号转换过程中，必然造成许多非资料性的杂色点。从而导致预处理图像边缘模糊、杂色块相互交错，因此需要进行进一步的修改编辑。为了简化意匠制作环节，在进行色彩归并时，应使图像的套色数少于实际颜色数，尽量使相近的像素点同化。由于缎档部分和毛圈部分都有花样，缎档是一纬，毛圈是三纬，如果按同一意匠比例，毛圈部分的花型应纵向放大三倍，加大了意匠处理的难度，并容易使花型失真。所以应分别予以扫描，按两个图像文件处理。然后根据工艺要求，再在系统对话框中输入纹针数、纹格数和意匠比例三个基本参数。

（二）工艺计算

输入工艺参数：机型 = 1400 号，辅助针数 = 100。织物品种：散花织物。

花区成品宽：75cm；纹样长度：150cm；花数：1；造数：2；把吊数：1；重纬数：1；基础组织循环经纱数：8；纬纱数：8；经纬纱排列比等就可生成工艺文件。由工艺计算可得出纹样大小，经线数：840 和纬线数：948；系统自动将原扫描图形，放大到该纹样大小。

（三）意匠处理

（1）首先进行意匠设色，用挑色针挑选一颜色；再按鼠标右键进行该颜色填充，如图 4－16（a）所示。为了分清楚布面正反外观效应，以每一种组织设定为一种颜色。凡是正面相同，而反面不同的织纹，均以不同的组织处理，也就是填充不同的颜色：红色为平边，黄色为缎边，蓝色为起毛，绿色为缎档部分。

（2）意匠间丝处理。所谓意匠间丝就是铺设组织。意匠图像修改完成后，就要根据意匠套色和工艺的要求编辑组织，即绘制组织图。提花缎档毛巾的组织分毛圈和缎档两部分，难点在于缎档部分的组织定义。缎档组织一般为表里交换纬二重组织。表里纬在织物中处于重叠状态，织出效果厚实，与毛圈部分厚度相协调。正反缎花界线位置相同，均显纬面效应。为了避免在织造时产生织缩率不一和松紧度差异，组织点布局要尽量均匀。在组织浮长的确定上，必须经纬兼顾，一般采用 5 枚 3 飞或 8 枚 3 飞。若采用纬重平或变化纬重平组织，

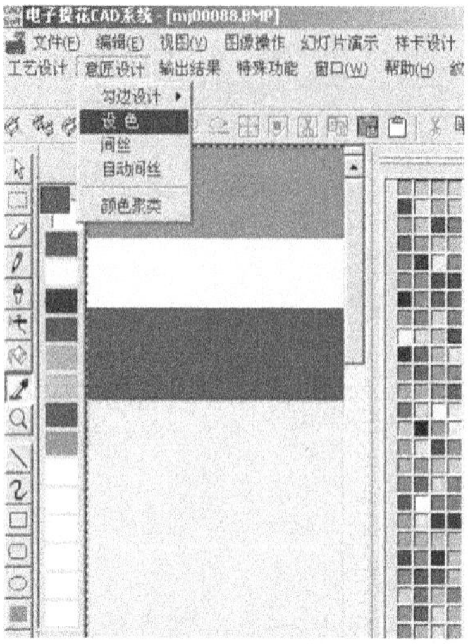

(a) 意匠设色图

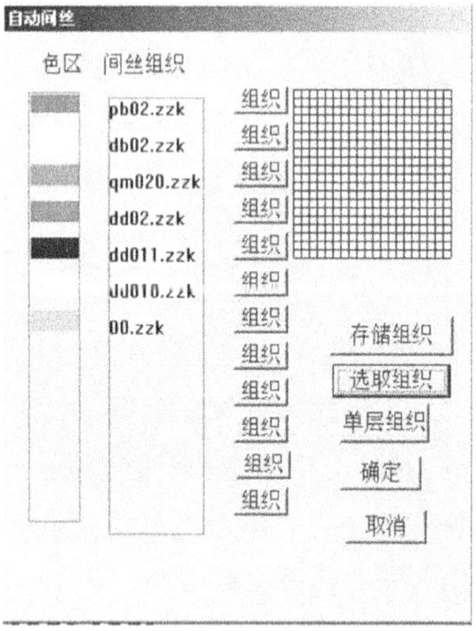

(b) 颜色—组织关系

(c) 间丝处理

图 4－16　意匠处理

当组织点达到一定间距时，将组织点错位或与其他组织联合设计，以控制纬线在织造中的位移。若采用斜纹变化组织或其他缎纹时，一定要选择好一个完全组织循环的起始位置，并注意花地组织交界处组织浮长的延伸。

本例选用自动间丝。首先，建立颜色与组织的对应关系表。用鼠标点击“组织”，如图4－16(b)所示，就可在预先建立的组织库中选用某一组织 ＊. zzk。为了减少组织编辑时间，也可按“存储组织”将某组织与颜色关系表存储到文件(＊. hhz)，待下次需要再用时可按“调用组织”来调用该组织—颜色关系，或在该关系表上作少许修改即可。建立了颜色与组织的对应关系表后，启用自动间丝功能，就可以用该关系表自动间丝，如图 4－16（c）所示。

（四）样卡编辑

本系统可根据织机类型，以全数字方式选择编辑样卡，用不同的数字来确定主纹针的针数和辅助纹针的针数、位置、种类。有缎档的毛巾，其地经必须按前后造参加交织。如在国产提花机（二色缎档）上织制，样卡分左右手，左手车，边在首端；右手车，边在尾端。如在剑杆织机（三色以上）上织造，可在织机计算机中输入选纬针等，无须确定边针和辅助针。

进行样卡编辑时，首先选用样卡类型，按“样卡设计－＞样卡类型－＞1400”的次序操作，再用鼠标在样卡编辑器中按住左鼠拖动可拉出一蓝色编辑框，再按动鼠标右键会弹出一选用框菜单。在选用框菜单中，选“1”表示主纹针；“2”表示锁边针，“3”表示停卷针，“4”表示起毛针或落毛针，如图 4－17 所示。

1400	1	2	3	4	5	6	7	8	9	10	11	12	13	14	15	16
62	1	1	1	1	1	1	1	1	1	1	1	1	1	1	1	1
63	1	1	1	1	1	1	1	1	1	1	1	1	1	1	1	1
64	1	1	1	1	1	1	1	1	1	1	1	1	1	1	1	1
65	1	1	1	1	1	1	1	1	1	1	1	1	1	1	1	1
66	1	1	1	1	1	1	1	1	1	1	1	1	1	1	1	1
67	1	1	1	1	1	1	1	1	1	1	1	1	1	1	1	1
68	1	1	1	1	1	1	1	1	1	1	1	1	1	1	1	1
69	1	1	1	1	1	1	1	1	1	1	1	1	1	1	1	1
70	1	1	1	1	1	1	1	1	1	1	1	1	1	1	1	1
71	1	2	0	0	0	0	0	0	0	0	0	0	0	0	4	0
72	0	3	0	0	0	0	0	0	0	0	0	0	6	0	5	0
73	0	0	0	0	0	0	0	0	0	0	0	0	0	0	0	0
74	0	0	0	0	0	0	0	0	0	0	0	0	0	0	0	0
75	0	0	0	0	0	0	0	0	0	0	0	0	0	0	0	0
76	0	0	0	0	0	0	0	0	0	0	0	0	0	0	0	0
77	0	0	0	0	0	0	0	0	0	0	0	0	0	0	0	0
78	0	0	0	0	0	0	0	0	0	0	0	0	0	0	0	0
79	0	0	0	0	0	0	0	0	0	0	0	0	0	0	0	0
80	0	0	0	0	0	0	0	0	0	0	0	0	0	0	0	0
81	0	0	0	0	0	0	0	0	0	0	0	0	0	0	0	0
82	0	0	0	0	0	0	0	0	0	0	0	0	0	0	0	0
83	0	0	0	0	0	0	0	0	0	0	0	0	0	0	0	0
84	0	0	0	0	0	0	0	0	0	0	0	0	0	0	0	0
85	0	0	0	0	0	0	0	0	0	0	0	0	0	0	0	0
86	0	0	0	0	0	0	0	0	0	0	0	0	0	0	0	0

图 4－17 编辑样卡表

（五）建立纬纱排列规律表

为了配合样卡编辑及梭箱变换，需要建立纬纱的排列规律表。图 4－18 表示 2 号纱 66 根，1 号纱 48 根，2 号纱 19 根，3 号纱 16 根，4 号纱 10 根，46 ×｛3 号纱 2 根，4 号纱 2 根｝，4 号纱 10 根，3 号纱 14 根，2 号纱 12 根，1 号纱 48 根，2 号纱 66 根，6 号纱 6 根。

为了配合纹板轧制、样卡设计及梭箱动作，需要分段设置配制地组织、边组织及控制信号位（图 4－19）。毛圈部分边组织结构一般与地组织相同。平边、缎边、缎档边组织根据密度不同可分别采用$\frac{3}{3}$、$\frac{6}{6}$、$\frac{9}{9}$经重平组织。

因纹织 CAD 必须分纬定义组织，所以建组织表（纹针提升规律图）时必须按意匠颜色分

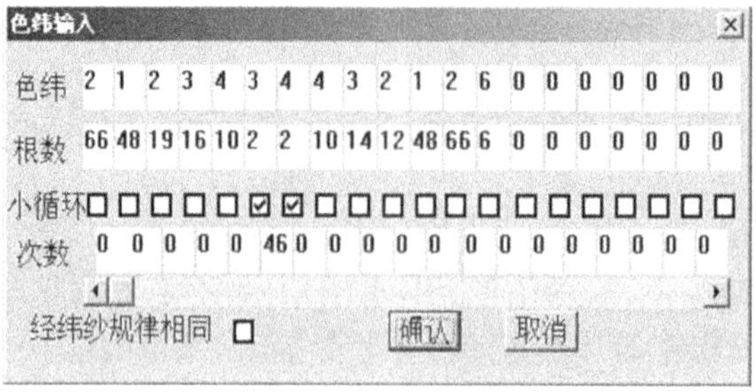

图 4－18　纬纱的排列规律表

纬填入组织代码。毛圈部分是三纬，即意匠的每一横格轧三张纹板，设梭子数为 3。缎档部分是一纬，即意匠的每一横格轧一张纹板，设梭子数为 1。第二行的“1”表示起毛信号，“2”表示停卷信号，“4”表示缎档信号。因为这些参数关系表数据繁多，为保证数据参数的输入及修改方便，系统均设有存储及调用数据表功能，建组织表和棱箱资料后，文件将存储在系统硬盘中。

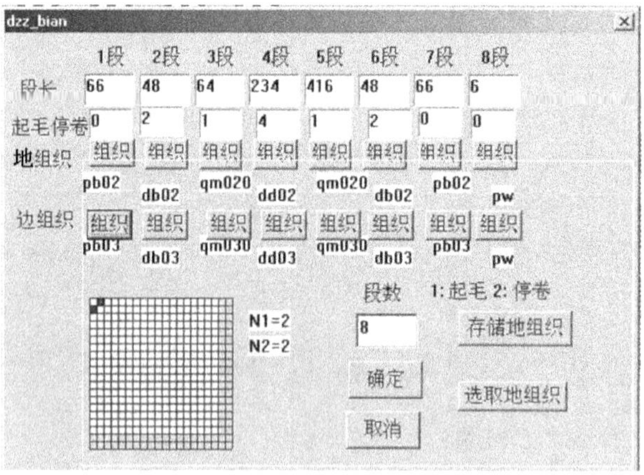

图 4－19　地组织和边组织分段排列

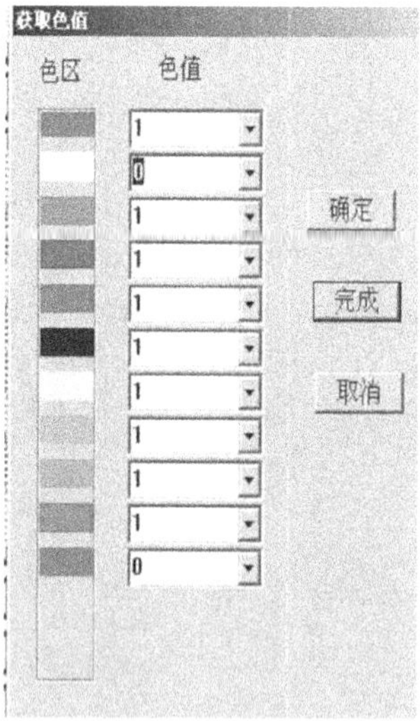

图 4－20　纹板轧制关系表

（六）纹板轧制

进行纹板轧制时，要先建立意匠颜色与轧制信号对应表，轧制信号对应表可通过交互方式建立，在编辑框图 4－20 中，选用“1”表示该颜色要轧制，“0”表示该颜色不轧制。轧制信号表建立起来以后，就可开始纹板轧制。

（七）布样仿真效果

布样仿真效果如图 4－21 所示。本系统已应用于内蒙古毛纺织厂、武汉东升提花织厂的工艺设计中。

(a) 汽车座垫提花装饰布面仿真

(b) 浴巾提花布面仿真　　(c) 毛巾提花布面仿真

图4-21　布样仿真

思考题

1. 简述纹织 CAD 系统的应用过程。
2. 一个完整的纹织 CAD 系统由哪些部分组成,其主要功能是什么?
3. 试述纹织 CAD 系统的数据结构与工作原理。
4. 装造类型为单造单把吊与单造双把吊时,纹织 CAD 系统应用过程中有哪些不同点?装造类型为单造与多造时,纹织 CAD 系统应用过程中有哪些不同点?

上机实验

1. 熟悉纹织 CAD 系统的功能,如建立机械提花或电子提花机的样卡,建立不同排列比的纬纱排列信息图等。
2. 应用纹织 CAD 系统设计单层或重经、重纬。
3. 应用纹织 CAD 系统设计双层纹织物、表里换层组织。

第五章　针织物纬编 CAD 系统

本章知识点

1. 纬编 *CAD* 系统工作流程和各模块功能。
2. 纬编 *CAD* 操作界面的各个组成部分和图标工具的作用。
3. 纬编 *CAD* 软件操作流程和使用方法

第一节　概　述

针织物纬编 CAD 系统(针织花型准备)主要是应用计算机图形、图像处理功能,从事纬编针织物花型意匠图的设计、织物纹路的模拟显示、花型的配色、花纹图案四方连续的对位,并最终生成上机工艺单。它应用了计算机的快速反应能力,进行各种花型的工艺设计与计算,以适应针织产品短周期、小批量、多品种的市场需求。

一、选针(选片)机构

根据纬编花型编织原理,纬编花型是通过选针(选片)机构来实现的。选针机构选择织针进入成圈、集圈、浮线、移圈位置,从而编织提花、胖花、集圈、添纱、移圈等花色组织。选片机构选择沉降片编织提花毛圈、浮雕(凹凸)毛圈、提花高低毛圈等花色效应。按选针方式,选针机构可分为以下几类。

1. 无选择性直接选针机构　如多跑道(多三角机)选针机构,其特点是:花宽与跑道数和织针排列相关,花高与机器路数和色纱数相关,花纹没有位移。

2. 无选择性间接选针机构　该选针机构又分插片式、推片式、摆片(拨片)式等几种类型,其特点是:花宽与选针级数和是否对称有关,花高与机器路数和色纱数相关,花纹不产生位移。

3. 有选择性直接选针机构　该选针机构有提花轮、台车花压板等形式,其特点是:花宽与提花轮槽数、针筒总针数以及提花轮段数相关,花高与机器路数、提花轮段数以及色纱数相关,花纹有位移。

4. 有选择性间接选针机构　该选针机构有滚筒式、圆齿片式等形式。滚筒式选针花宽与选针级数和是否对称有关,花高与机器路数、选针片数、色纱数相关,花纹没有位移。圆齿片式选针花宽与圆齿片齿数相关,花高与机器路数、圆齿片档数、色纱数相关。

5. 单选针选针机构　单选针选针机构是指电子选针,其特点是:花宽最大可达到机器总针数，花高由色纱数和存储器容量所决定。电子选针花纹信息过去是采用胶带配光电扫描器来读取选针信号和采用软盘存储花纹信息，如今更多的是采用专用数据接口和 U 盘读取花纹信息。使用便携式电脑可以很方便的传输大容量的花纹信息。

二、针织物纬编 CAD 系统

针织物纬编 CAD 系统可以分为专用软件和通用软件两大类。

1. 专用软件　专用软件由针织设备的生产厂家提供，专用于某一个厂家制造的设备或者某一种型号的针织设备，它与针织设备的品牌、型号和功能密切相关。如电脑提花圆机、电脑移圈圆机、电脑四色调线圆机、电脑袜机、电脑横机、电脑一次成形圆机和电子贾卡经编机等。专用软件一般可以直接控制针织设备硬件的动作。

目前，国际上常见的纬编专用花型设计系统，主要有德国德乐(Terrot)公司的 PATRON-IK5000 型计算机花型设计系统、德国迈耶·西(Mayer&Cie)公司的 PIC 3 计算机花型设计系统、日本 WAC 系统。值得一提的是日本 WAC 系统既应用于纬编圆机、也应用于袜机，且已配套应用于多家国内外针织设备。

2. 通用软件　通用软件可用于设备类型相同、生产厂家不同的设备进行产品设计，其应用的针织设备范围较广。通用软件又可分为常用图形、图像应用软件(如 Photoshop、CorelDraw等)和高校、科研机构开发的专用于针织花型设计并最终生成上机工艺单的针织计算机辅助设计软件。采用计算机辅助设计，可以减轻设计人员劳动强度，提高生产效率。

三、针织物纬编 CAD 系统的应用

现在针织企业采用针织物纬编 CAD 系统设计花色组织主要有以下几种形式。

(1)对于已购买电脑选针提花机的直接采用所配备的纬编专用花型设计系统设计产品。

(2)已购买电脑选针提花机并配有纬编专用花型设计系统，先采用常用图形、图像应用软件(如 Photoshop、Photo Draw 等)充分利用通用图形、图像应用软件强大的图形绘制和图像处理功能，编辑图形、图像，并存储成所配专用花型设计系统能识别的图形、图像存储格式，接着打开专用花型设计系统，利用图像存储格式转换功能调用所设计图案，针对编织要求进行精处理完成产品设计。

(3)没有电脑提花机的企业直接采用常用图形、图像应用软件(如：Photoshop、CorelDraw 等)设计纬编花型图案，观察图形的设计效果，但这种设计无法形成上机工艺单。

(4)采用高校和科研机构开发的通用针织花型设计系统设计产品，完成图形的绘制、织物纹路的模拟显示、花型的配色、花纹图案四方连续的对位，并最终生成上机工艺单。

第二节　纬编 CAD 系统的介绍

一、软件环境

操作系统为 Windows98 或以上，开发工具采用 Visual C++6.0。

(一)编程工具简介

Visual C++6.0 功能强大,适用面广,能提供强大的向导工具(MFC Appwizard Class Wizard 等),而 MFC 类库支持多线程应用程序的开发,能快速继承数据库访问,并且还有强有力的 Internet 支持。MFC 的 Windows 程序特点突出,MFC 构造的基于框架的应用程序主要由四个类分别实现,每个类担任不同的角色,管理应用程序的不同模块。

1. 应用程序类 由 Cwinapp 派生,封装了 Winmain( )函数,用来控制程序入口及主流程。

2. 主框架类 由 CframeWnd 派生,用来管理窗口,多文档程序还有一个子窗口类。

3. 文档类 管理应用程序中使用的数据。

4. 视类 管理窗口中的区域。

纬编 CAD 系统是建立于这四个类之上的功能模块,以及由自己创立的类和对话框等组成。Visual C++ 6.0 界面是一个标准的 Windows 界面,其主体是客户区中的工作窗口(Workspace Window)、源代码窗口和输出窗口,分别用作项目管理、代码显示与修改、显示项目建立过程中所产生的信息。进行 Windows 应用程序的编程过程,应用程序会用到不同类型的资源,如位图、光标、图标、选单、工具栏、对话框和串表等。为了方便编程人员对这些资源进行管理,Visual C++ 6.0 提供了方便的资源管理器以及各类资源编辑器来对资源进行维护、编辑和管理。

(二)应用程序的消息驱动

在面向对象的编程中,将程序功能、内容进行封装,形成类,并对程序运行时产生出类的实体对象,按程序中出现的主要类划分成如图 5-1 所示的总体结构图。在 Windows 编程的事件驱动模式下,程序有很多用户输入点。根据用户输入点,软件进行相应的操作。

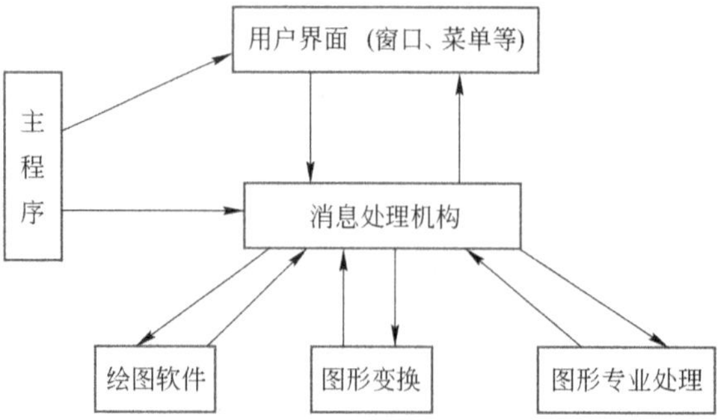

图 5-1 总体结构

(三)面向对象技术

面向对象,简单地说是把一组无联系的对象有效地集成在一起的软件,而这些对象都是将数据结构和行为紧密结合在一起的。这与传统的程序设计——数据结构与行为分离模式是完全不同的。面向对象程序设计中心是围绕几个主要的概念:抽象数据类型和类、类型层次(子类)、继承和多态性。类和继承是符合人们一般思维方式的描述模式。在大多数面向语言中,类的定义描述以抽象数据类型为基础的对象行为,抽象数据类型定义了能以类型为基础执行所有操作的接口。面向对象方法通过子类提供类型的等级层次。一个子类(Sub Class)定义一个对象集合的行为,该对象继承父类(Parent Class)的各项特征,子类反过来又将它自己的或继承来的特征传递到它的子类中去。子类能导致增加问题解的能力,借助允许建立子类的方法,可以缩短软件开发周期,从而降低软件开发的复杂性和费用。面向对象开发方法是以对象为中心的开发方法,是客观世界中抽象出来的软件开发的新的思维方法。它有如下几个基本特征。

(1)对象是数据和有关操作的封装体。它突破了传统的将数据与操作分离的模式,较好地实现了数据抽象。

(2)面向对象方法的继承性体现了概念分离抽象。在对象继承结构上,下层对象继承上层对象的特征(属性和操作),因而面向对象方法便于软件的演化和增量式扩充。

(3)面向对象用消息(指引用一个方法的过程)将对象动态链接起来。与传统的模块调用不同,面向对象方法采用了灵活的消息传递方式,从而便于在概念上理解、体现并行和分布结构。

(4)面向对象方法具有信息隐藏性。对象将其实现细节隐藏在它的内部,因此,无论是对象功能的完善扩充,还是对象实现的修改,其影响仅限于对象内部,而不会对外界产生影响。这就保证了面向对象软件的可构造性和易维护性。

采用基于对象的面向对象设计方法,由于其程序具有封装性、继承性和多态性等优点,使得程序设计概念清楚,代码的重用率高,能够方便地实现 CAD 软件的集成。而纬编 CAD 系统则充分使用了面向对象技术。对绘图工具而言,图形的组成元件(如线、点、圆和椭圆等)都采用了一个对象类来完成。对象类适合于绘制图形元。对于图形转换、颜色转换,则用一个独立的 CImage 类对其封装,提高程序的可维护性。对图形专业处理,则可以构造相应的对象类,整个视图则可以看成是由不同的实体类组合而成。

二、纬编 CAD 系统工作流程图

(一)主程序模块

主程序模块如图 5－2 所示。

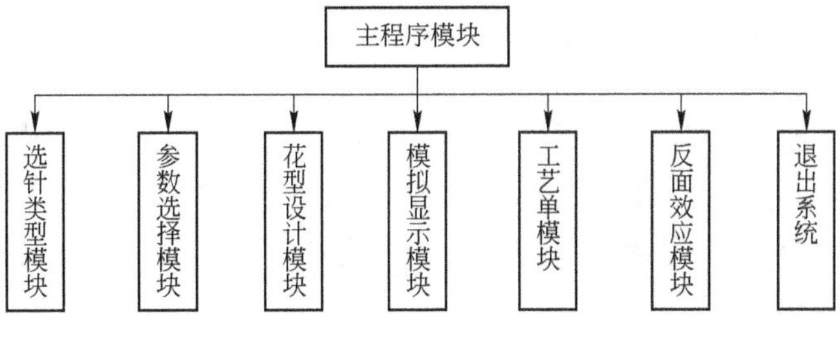

图 5－2　主程序模块组成

(二)主程序工作框图

主程序工作框图如图 5-3 所示。

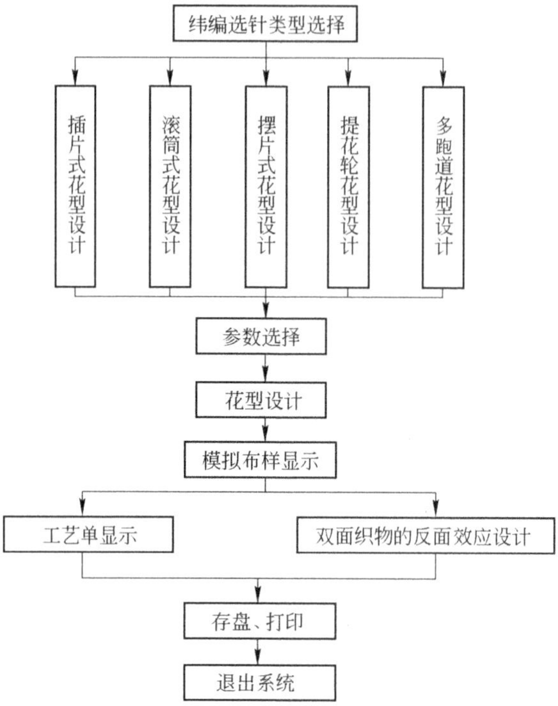

图 5-3　主程序工作框图

三、纬编 CAD 系统的结构

(一)系统结构

1. 文件管理模块　文件管理模块主要为存储数据和读取数据方便而对文件数据进行管理。本系统主要以结构体为单位,以一个结构体整体来进行数据存取。其结构体为:

```
struct yr-file
{int F-HIGH;/*花高*/
int F-WIDTH;/*花宽*/
int F—COLOR;/*色纱数*/
int num;/*色纱*/
};
```

其中,前三值分别表示该文件所存储花型的花高、花宽、色纱数,第四个值即当前色纱。

2. 花型设计模块　此模块为本系统的核心部分。根据针织物的特性,分三种情况进行设计,即单面提花、双面提花和提花毛圈。当用户选择所要设计织物的种类后,系统进入相应的模块,从而进行设计。

(1)工艺参数输入模块。工艺参数包括文件名、机型、机号、路数、花型的对称性、色纱数、花高、花宽、横密和纵密等。其中，机型可根据用户的情况，自行加入本系统。当以后选定机型后，系统会自动给出路数和机号等。当以上参数选定或输入完毕后，不需返回菜单，可直接转入意匠图绘制模块。工艺参数输入模块流程如图 5－4 所示。

（2）意匠图绘制模块。在工艺参数准确输入完毕确认后，直接进入绘制模块。由于花高（F—HIGH）、花宽（F—WIDTH）及色纱数（F—COLOR）已确定，本系统直接给出所要求的意匠图工作区。色纱代码也随之显示在工作区最下面，用户可选纱进行图形设计。意匠图绘制模块流程如图 5－5 所示。本模块重点实现了意匠图各点与二维数组各值之间的一一对应，从而能在工艺单编制中使用该数据块。

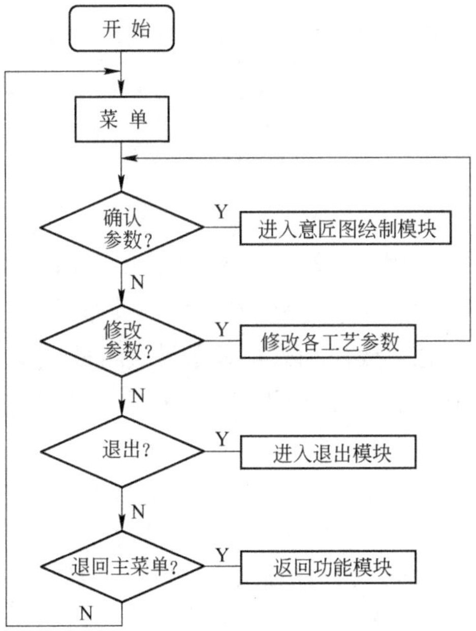

图 5－4　工艺参数输入模块流程图

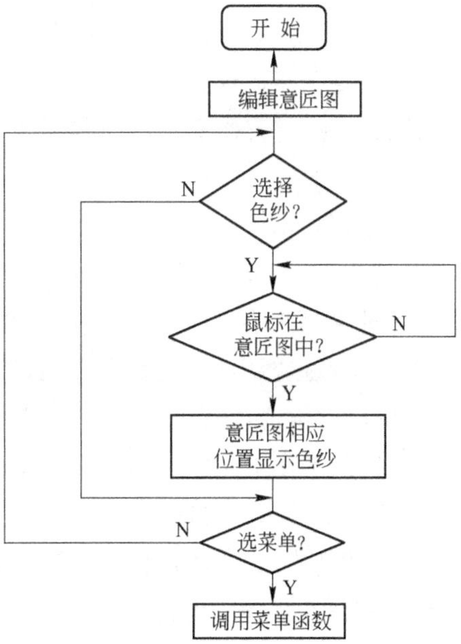

图 5－5　意匠图绘制模块流程图

3. 花型工艺单设计模块　在绘制完意匠图后，可进入此模块。在意匠图绘制模块中所设计的花型的工艺单可显示于屏幕编辑工作区，可上下翻屏、滚动查看。该工艺单是本系统非常重要的部分，因为设计者设计出图案后，最终要在机器上实现，而实现设计者设想的中间环节就是花型工艺单。由图案到工艺单这一过程经常是设计者花费时间最多的过程，当设计者多次修改图案后，本系统自动给出花型工艺单，可直接用于生产。

此模块是以意匠图绘制模块的数据为依据进行统计、计算，并给出简明的花型工艺单格式及数据。对于双面提花，模块会同时给出反面三角的排列顺序。

4. 花型打印模块

（1）意匠图打印。用户在前面模块中绘制的意匠图，可在本模块中打印。本系统选择的是符号打印方式，由于通常使用的是黑白打印机，无法将彩色图直接打印，可将意匠图中不同的颜色转变成不同的符号打印出来。

(2)工艺参数打印。打印内容是前面输入的全部参数,操作者使用极为方便。

(3)花型工艺单打印。由于工艺单已在前面设计完毕,此模块则采用一一对应的方式逐行打印。

5. 花型绘图工具模块 针织提花圆机花宽、花高较大,设计人员绘制意匠图时逐格绘制费时费力,采用常用图形绘制意匠图十分必要。使用作图工具设计花型能充分发挥设计者的创造力,缩短绘图时间,提高效率。本系统按实际需要设计了一些几何绘图工具,如点、直线、矩形、方形、椭圆、圆以及填充、换色等画图工具。

6. 模拟显示模块 为了使设计的花型更合理、美观,在上机前可进行模拟显示、反复修改,直到设计者满意为止,这样能减少或取消上机调试的重复操作。

此模块具有仿真效果、放缩模拟和镜面映射等功能,可使用户直观地看到织物效果,便于及时修改,直到能达到满意的效果。放缩模拟和镜面映射是通过放大、缩小、镜面效应来帮助设计者修改、完善作品,以达到最佳的视觉效果。

(二)操作界面

系统是在 Windows 下开发的纬编针织物计算机花型辅助设计系统,其界面采用标准的 Windows 图形界面和基于人机对话的方式,为用户提供了全新、高效和简便的操作平台。本系统主要由参数选择模块、花型意匠图设计模块、工艺单模块和模拟显示模块组成,它们是互相联系的。参数选择模块是其余三个模块的基础,花型意匠图设计模块又是后两个模块的关键,它们共同作用完成纬编针织物花型辅助设计。

启用花型辅助系统,将打开系统的主窗口,显示系统功能菜单和工具条为用户选择使用,系统的主窗口主要由标题栏、菜单栏、工具栏、状态栏和工作区域五个区域组成。

(1)标题栏。由窗口标题、最小化按钮、最大化按钮和关闭按钮组成。

(2)菜单栏。由下拉式菜单组成,主要有文件(新建、保存、打开 CAD 文件另存为图形格式、输入、输出、退出)、编辑、设置(查看、作图背景、方格颜色、方格边长、显示方格、改变意匠主色)、特殊功能、系统设置。

(3)工具栏。显示常用的工具按钮。单击某一按钮,可完成该按钮指定的操作。工具按钮依次为退出系统、纬编、智能化布样预处理、智能化模拟布样、工艺单、打开 CAD 文件、重新载入、保存、另存为、另存为图形格式、以当前的参数新建 CAD 文件、工具条色彩对换、意匠图中数据转换、视图重载、关于、多跑道花型设计、提花轮花型设计、插片花型设计、摆片花型设计和滚筒花型设计,其工具栏如图 5-6 所示。

图 5-6 工具栏

(4)状态栏。状态栏由两部分组成,分别在窗口底部和左侧,用于显示该窗口的状态(图 5-7)。

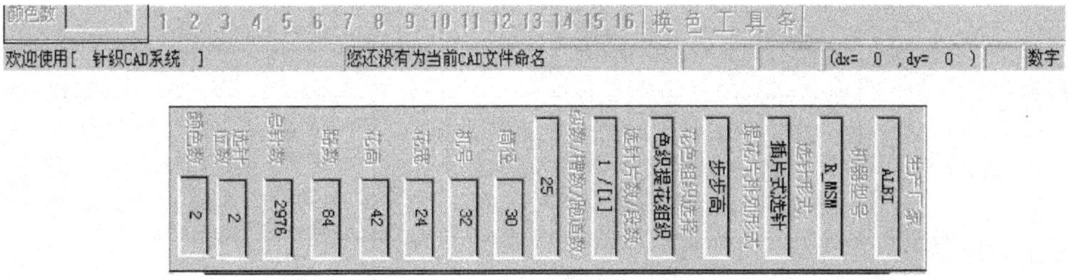

图 5－7　状态栏

(5)工作区域。窗口内框所围成的区域是用户观察窗口资源、文件内容的取景框。

四、主要工具介绍

图　标	名　称	功　能	操作方法	图　　例
	退出系统	退出纬编 CAD 系统	单击图标，弹出一对话框，按“确定”	
	纬编 CAD 系统设计开始	开始进入纬编设计系统	单击图标，弹出一对话框，出现纬编设计工具条——“选择针织机器类型”	
	作图主区域	在意匠图中进行花型设计	单击图标，将鼠标移到意匠纸上鼠标旁出现“主色”，左击出现选择色纱的下拉框	
	打开文件	打开以前设计的花型图案	单击图标，出现一对话框，供用户选择以前的花型图案	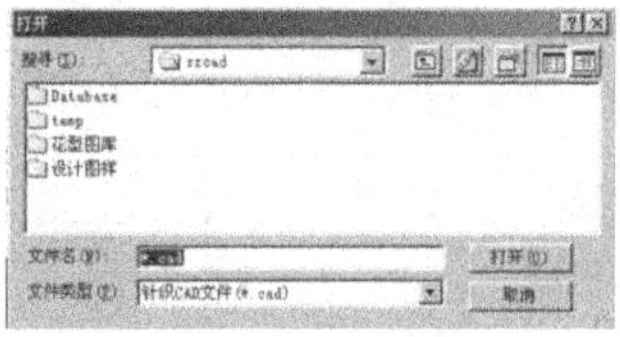
	保存	保存设计的花型图案	单击图标，出现一对话框，供用户选择保存的位置	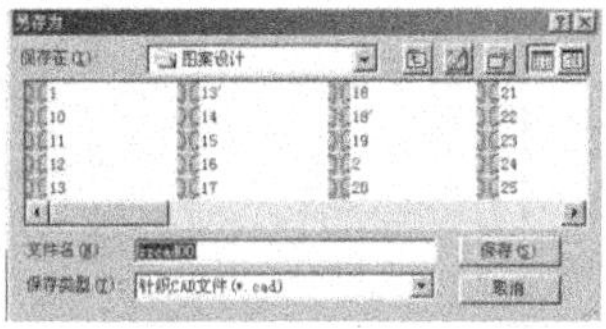
	另存为	保存一次后，要保存另一位置	单击图标，出现一对话框，供用户选择保存的位置	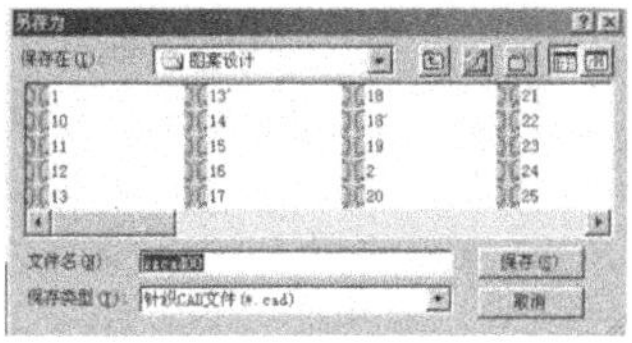
	另存为图形格式	保存另一种图形格式，改变图形格式	单击图标，出现一对话框，供用户选择保存的位置	

续表

图　标	名　称	功　能	操作方法	图　　例
	新建文件	以当前的参数新建CAD文件	单击图标，将把意匠图上的原花型去掉，以原来的参数设计花型	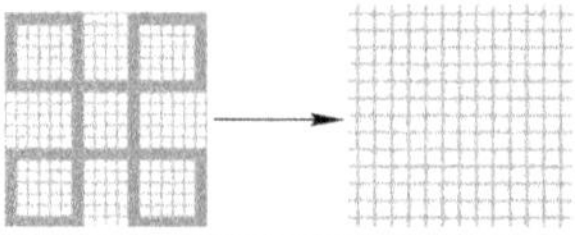
	画意匠图	意匠图设计	点击后设计意匠图	
	画点	使用画笔作图	单击激活图标，将鼠标移到意匠纸上画点作图	
	画直线	绘制直线	单击激活图标，在意匠纸上按住鼠标拖动画直线	
	画矩形	绘制矩形	单击激活图标，在意匠纸上按住鼠标拖动画矩形	
	画正方形	绘制正方形	单击激活图标，在意匠纸上按住鼠标拖动画正方形	
	画椭圆	绘制椭圆	单击激活图标，在意匠纸上按住鼠标拖动画椭圆	
	画圆	绘制圆	单击激活图标，在意匠纸上按住鼠标拖动画圆	
	填充	用油漆桶填充封闭图形	单击激活图标，在意匠纸上的封闭图形中填充指定颜色	
	左右翻转	使选取的图形左右翻转	选取图形范围，单击图标，使选取图形左右翻转	
	上下翻转	使选取的图形上下翻转	选取图形范围，单击图标，使选取图形上下翻转	
	智能化模拟布样	显示设计的织物的布样效果	将意匠图设计好后，单击图标，显示意匠图花型对应的布样效果	

续表

图　标	名　称	功　能	操作方法	图　　例
	织物仿真	使设计织物产生仿真效果	将意匠图设计好后，单击图标，显示设计织物花型的仿真效果	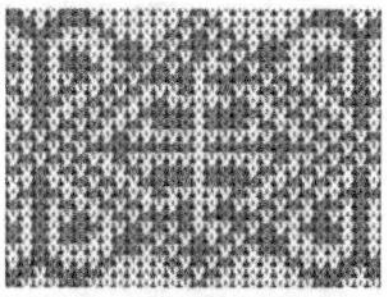
	工艺单	显示花型对应的工艺设计	将意匠图设计好后，单击图标，显示意匠图花型对应的工艺单	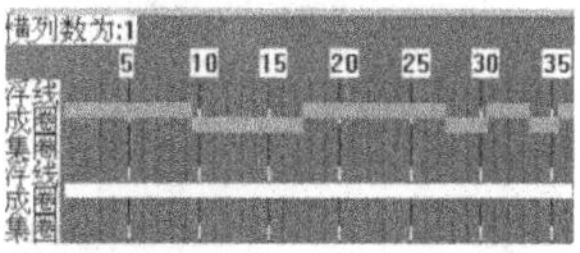
	工具条色彩对换	可以进行色纱对换，改变色纱颜色	单击图标，出现一对话框，单击更换，将完成纱色的更换	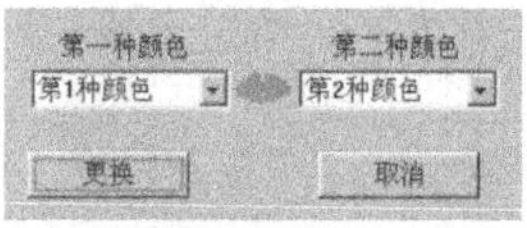
	意匠图中的数据更换	可以进行色纱对换，改变色纱颜色	单击图标，出现一对话框，单击更换，将完成纱线颜色的更换	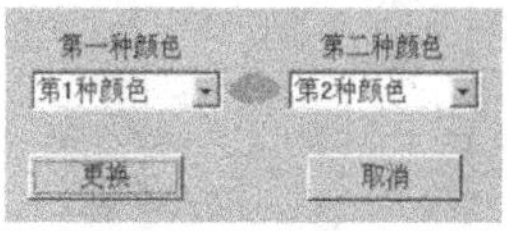
	多跑道选针类型	多跑道产品设计	单击 将出现 ，单击图标，出现一对话框，供用户选择机器参数和花型参数	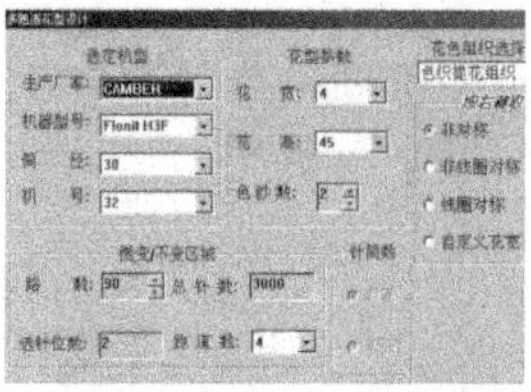
	提花轮选针类型	提花轮产品设计	单击 将出现 ，单击图标，出现一对话框，供用户选择机器参数和花型参数	
	插片选针类型	插片产品设计	单击 将出现 ，单击图标，出现一对话框，供用户选择机器参数和花型参数	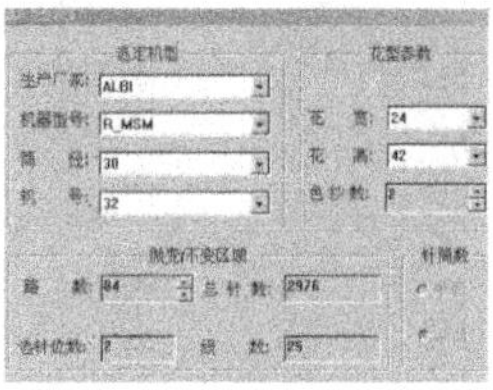
	摆片选针类型	摆片产品设计	单击 将出现 ，单击图标，出现一对话框，供用户选择机器参数和花型参数	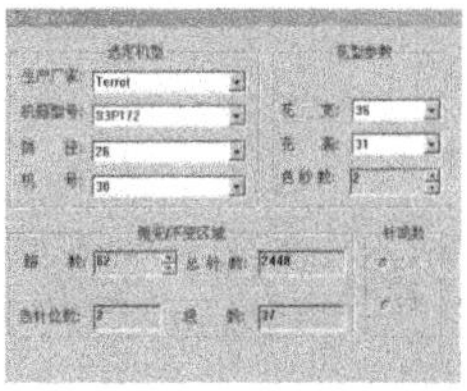

续表

图　标	名　称	功　能	操作方法	图　　例
	滚筒选针类型	滚筒产品设计	单击 将出现 ,单击图标,出现一对话框,供用户选择机器参数和花型参数	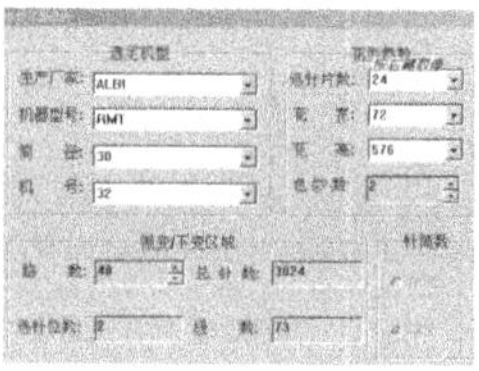
	选择横列数	选择用户想显示的横列数的工艺单	单击 ,将出现 ,单击图标,出现一对话框,供用户选择横列数,可以改变横列数	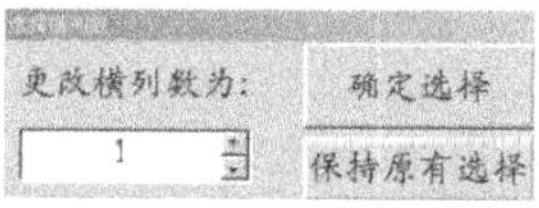
	选择路数	选择用户想显示的路数的工艺单	单击 ,将出现 ,单击图标,出现一对话框,供用户选择路数,可以改变路数	
	放大	意匠图花型放大	单击 ,将出现 ,点击将放大布样效果	
	缩小	意匠图花型缩小	单击 ,将出现 ,点击将缩小布样效果	
	反面效应	双面织物反面效应设计	单击 ,将出现 ,单击图标,出现一对话框,供用户选择反面效应形式,按确定	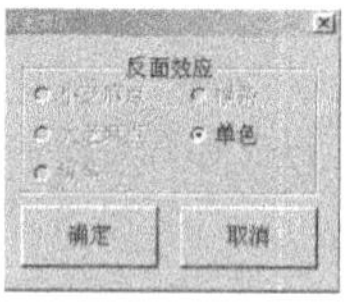
	缩放为 1:1	按 1:1 比例显示意匠图	单击 ,将出现 ,点击将以 1:1 显示布样效果	
	设置意匠颜色	供用户选择意匠图色纱的颜色	单击 ,将出现 ,单击图标,选取色	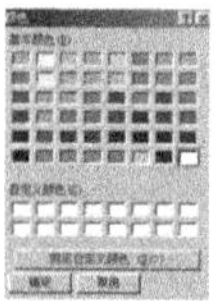
	设置预览比例	供用户选择预设横纵密度	单击 ,将出现 ,单击图标,出现一对话框,供用户预设比例	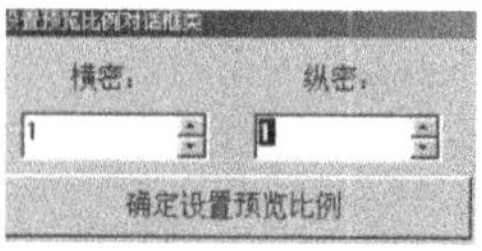

第三节 纬编 CAD 系统的使用

一、操作基本流程

纬编 CAD 系统按纬编选针形式的不同分类，分为插片系列、滚筒系列、摆片系列、提花轮系列和多跑道系列五大系列，操作界面友好，可根据针织企业设备情况定制设计。这五大系列花型设计 CAD 具有统一相似的操作界面，其操作流程为：

点击纬编图标→选击选针类型图标（插片、滚筒、摆片、提花轮、多跑道之一）→出现针织纬编设备参数选择和花色组织类型选择对话框，通过各参数、花色组织选择后选定花宽和花高，→出现意匠图设计界面，可进行绘图→智能化模拟布样，可放大、缩小，也可按纵横密度比例缩放→点击工艺单，可按花纹横列数和机器路数排出工艺单→双面织物的反面效应设计。

设计完成后可打印输出工艺单，并可对设计的图案及其配套参数存盘。

二、设计参数选择和花色组织类型选择对话框

当选出选针类型图标（插片、滚筒、摆片、提花轮、多跑道之一），出现一对话框，如图 5-8 ~ 图 5-12 所示。

1. 主选部分

(1)选择设备生产厂家。

(2)选择机器型号。

(3)选择针筒筒径。

(4)选择机号。

(5)选择花色组织。

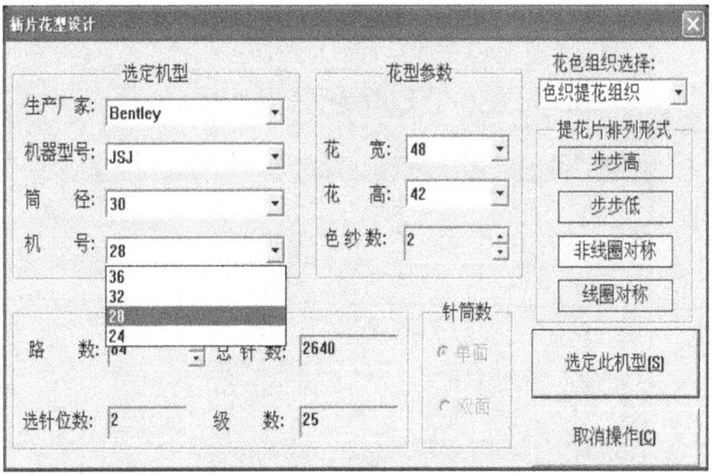

图 5-8 插片式选针对话框

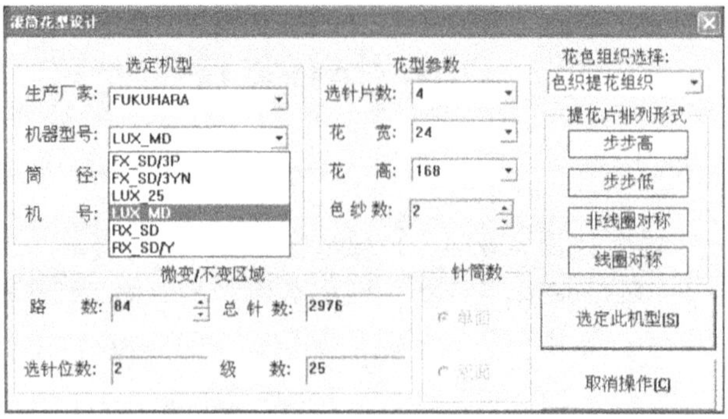

图 5－9 滚筒式选针对话框

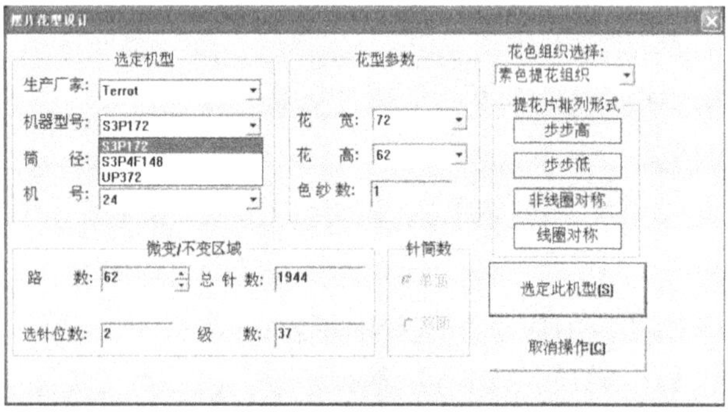

图 5－10 摆片式选针对话框

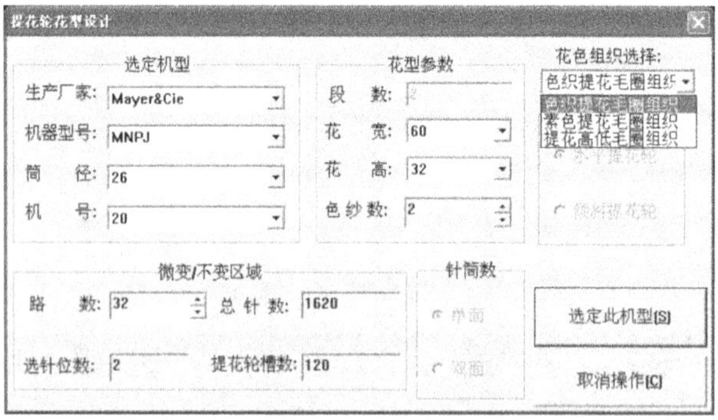

图 5－11 提花轮选针对话框

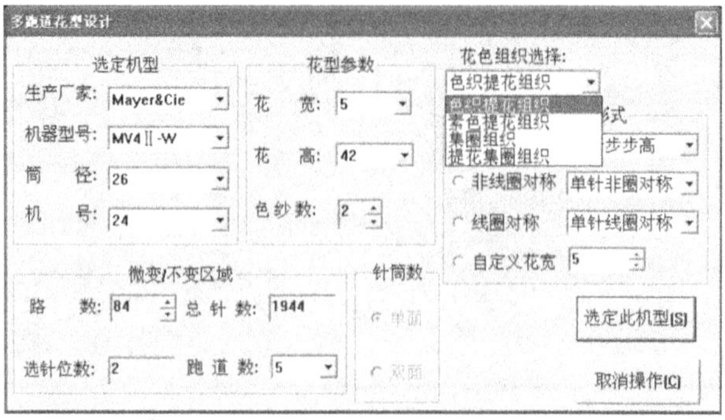

图 5－12 多路道选针对话框

(6)色织提花、单胖、双胖时可选色纱数。

(7)选提花片或织针排列方式(对称、非对称)(提花轮除外)。

(8)选择选针片数(仅滚筒有)。

(9)选择花宽和花高。

2. 配套微选和显示部分　选择路数、选针位数、总针数、选针级数、提花轮槽数、段数、跑道数、单双面显示、提花轮类型(水平或倾斜)。

3. 花色组织选择部分　花色组织根据机器类型分为单面类、双面类和毛圈类。

(1)单面机花色组织有色织提花、素色提花、集圈组织和提花集圈组织。

(2)双面机花色组织有色织提花组织、色织单胖组织、色织双胖组织、集圈组织、提花集圈组织、纡缝组织和纡缝集圈组织。

(3)毛圈机(水平提花轮选针)花色组织有色织提花毛圈组织、素色提花毛圈组织和提花高低毛圈组织。

三、花型意匠图设计

在图 5－8～图 5－12 对话框中点击“选定此机型”,出现意匠图设计主界面(图 5－13),设计师在此界面可以自由设计花型图案。

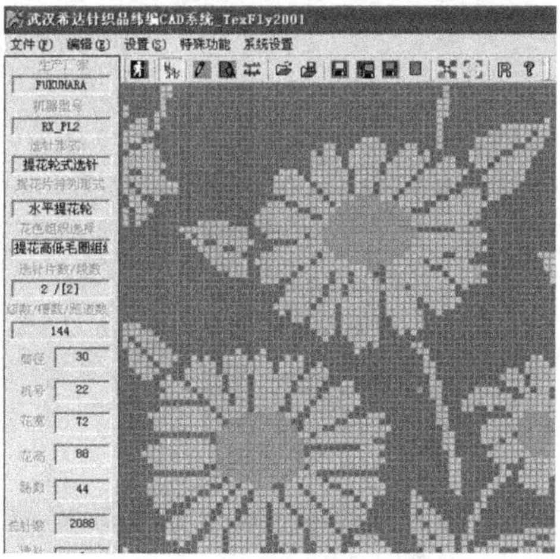

图 5－13　意匠图设计主界面

在花型意匠图设计主界面其左边有一长条,它显示前一对话框选择的机器各个参数和花色组织类型,以便设计人员在设计花型图案时,随时了解所设计花型的基本参数。在状态栏右侧,可在线显示鼠标所在意匠图方格坐标,方便设计。可通过菜单设置意匠主色、作图背景色、方格颜色和方格边长。在绘图区右击鼠标,可选择绘图颜色的色序。点击意匠图下方换色工具条,可通过调色板设置绘图色序的颜色。非色织组织的绘图色序(主色、第 2 色等)按成圈、集圈、浮线顺序排列,提花轮系列非色织组织绘图色序按高钢米、低钢米、无钢米顺序排列。

当设计花型时，鼠标上方跟踪显示所绘图的颜色（主色、第 2 色等）；鼠标偏离意匠图设计区时鼠标上方跟踪显示 OFC，并在下方状态栏显示鼠标偏离方位。

点击工具栏中色彩对换图标，可将绘图色序互换；点击意匠图数据对换图标，绘图色序不变而图形数据互换；点击新建意匠图图标，可保持原机型参数重建空白意匠图。

多跑道机采用自定义花宽排针时，首先在意匠图下方的排针图上进行排针设计，然后进行花型设计。

四、智能化模拟排布

点击智能化模拟布样图标，可按四方连续形式全屏智能排布，如图 5－14 和图 5－15 所示。其中，提花轮式选针系列根据机器参数作位移式排布，如图 5－16（a）所示；其他机种顺序式排布，如图 5－16（b）所示。通过智能化模拟布样，可对意匠图初始设计时四条边界处花型的连接情况进行反馈设计。在这一界面可以使用放大和缩小图标，全方位的观测花纹图案。使用缩放 1∶1 图标和纵横比例 x∶y 图标，可按纵横密度比例观测花纹图案，如图 5－17 所示。

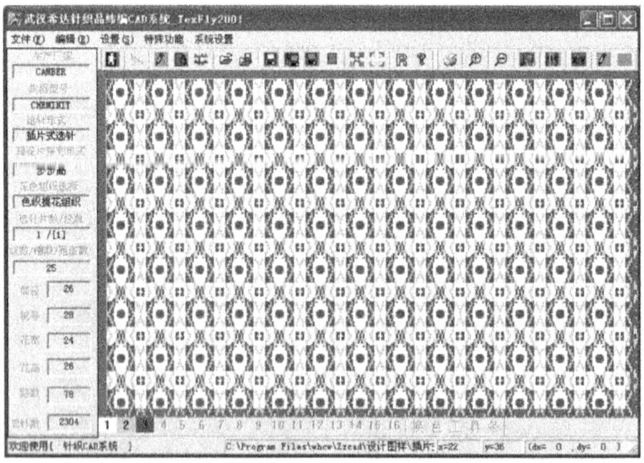

图 5－14　智能化模拟布样

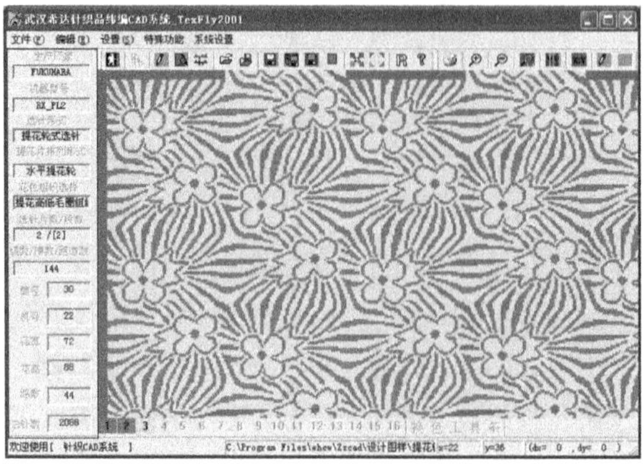

图 5－15　提花轮位移式布样

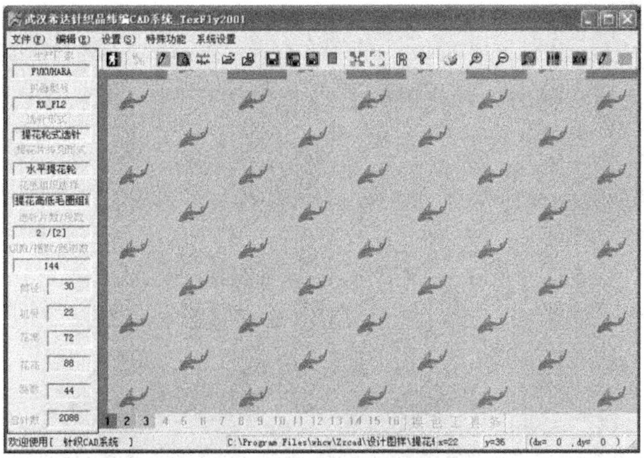

(a) 位移式

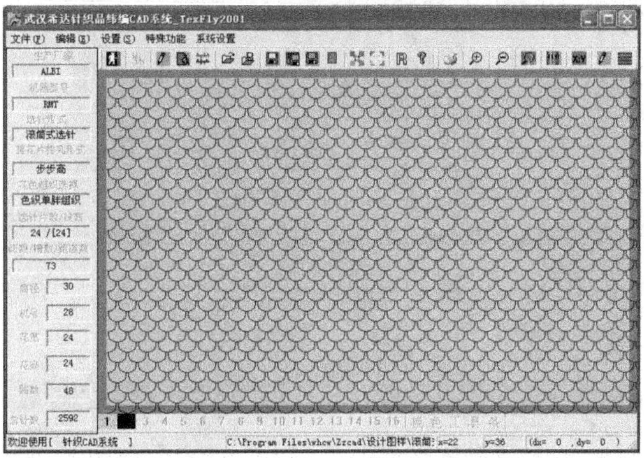

(b) 顺序式

图 5－16　智能化模拟布样花纹图案排布

图 5－17　按纵横密度比例智能化排布(位移式)

五、输出工艺单

点击工艺单图标，根据意匠图设计的图案可按花纹横列数和机器路数排出工艺单。其中插片式和滚筒式排出选针片钳齿形式，如图 5－18～图 5－20 所示；摆片式排出摆片位置，如图 5－21 所示；提花轮按高钢米、低钢米和无钢米顺序，按累计数形式排钢米，如图 5－22 所示；多跑道排出三角跑道，如图 5－23 所示。

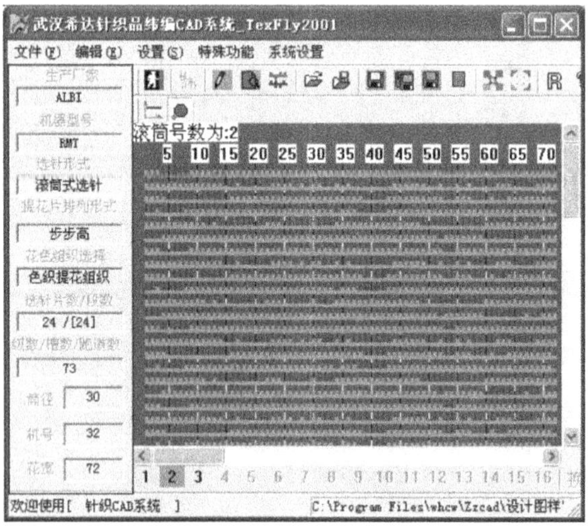

图5－18　钳齿工艺单(按路数)

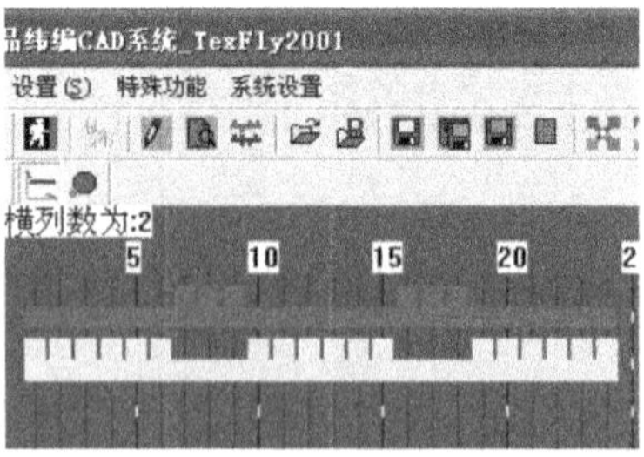

图 5－19　两位钳齿工艺单(按横列)

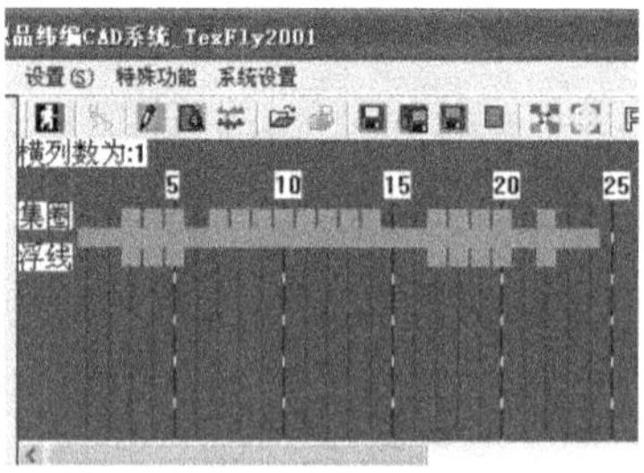

图 5－20　三位钳齿工艺单(按横列)

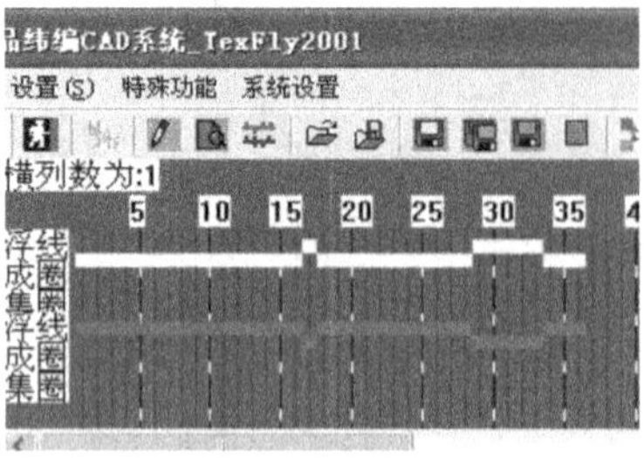

图 5－21　摆片排位工艺单

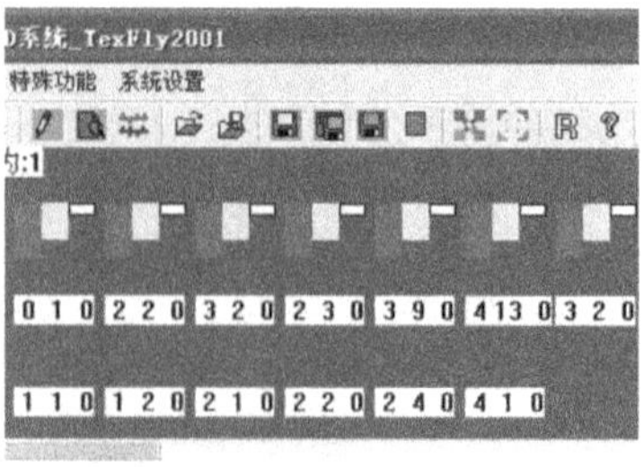

图 5－22　提花轮排钢米工艺单

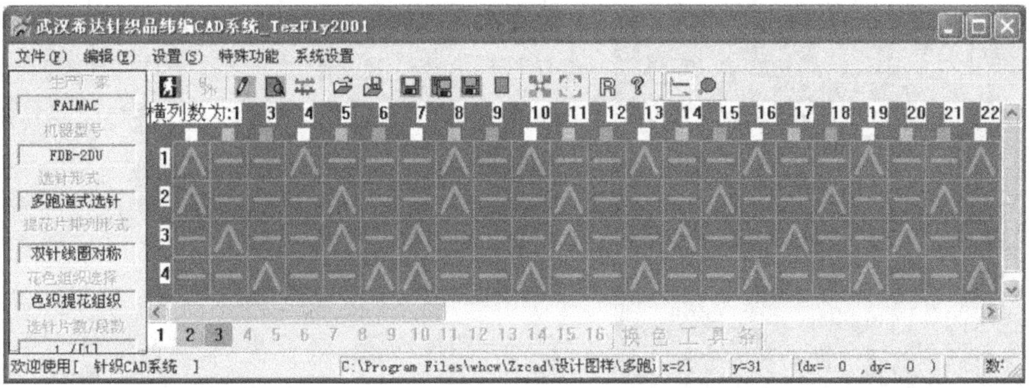

图 5－23　多跑道排三角工艺单

六、双面织物的反面效应

双面织物设计时点击反面效应图标，出现一对话框。根据所设计的组织，可选择该织物的反面效应，有小芝麻点[图 5－24(a)和图 5－24(b)]、大芝麻点[图 5－24(c)]、横条[图 5－24(d)]、纵条[图 5－24(e)]和单色等。

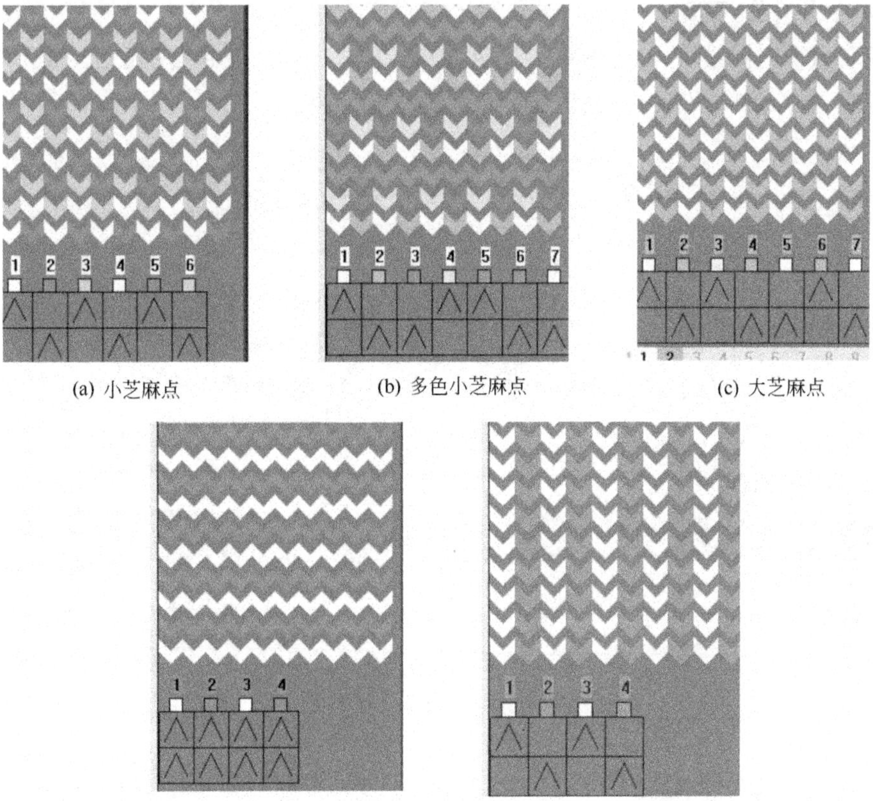

(a) 小芝麻点　(b) 多色小芝麻点　(c) 大芝麻点

(d) 横条　(e) 纵条

图 5－24　双面织物的反面效应

上叙内容操作完成后，可点击存盘图标，存储所设计的花纹意匠图。以后点击打开图标，可再次打开所存储的设计图案。也可按打印图标打印输出。

图 5－25　真实织物模拟实例

七、仿真模拟显示

采用小花纹扩充到全屏、大花纹设置滚动条的方法显示整体效果。真实织物仿真模拟显示实例，如图5－25所示。当设计者点击进入仿真模拟显示窗口以后，系统可以自动根据所设计的意匠图来模拟显示该设计实物效果。

针织物仿真模拟显示的实现，省去了小样试织这一工序对针织物花型设计的制约，它可以大大提高产品的设计速度，节省了时间，节约了原料，从而增强了市场的竞争力。

八、“帮助工具”菜单

此模块为辅助性模块，它包括系统说明、操作说明、打印文件和退出系统，可为用户提供指导性说明、操作说明及初次使用时必不可少的工具信息。

第四节　纬编 CAD 系统设计实例

一、纬编设计开始

点击纬编图标是进入纬编设计的第一步，在工具栏的后段出现选针类型图标，如图5－26 所示。

图 5－26　纬编设计工具条

该选针类型是按纬编选针形式的不同分类，分为插片系列、滚筒系列、摆片系列、提花轮系列和多跑道系列五大系列纬编产品花型设计 CAD 系统。在此以 UP372 型摆片式双面提花圆机的两色提花为例介绍花型设计方法。

二、机器参数和花型参数的选择

点击选针类型中的图标，将出现纬编设备参数选针和花色组织类型选择对话框，如图 5 - 10 所示。

1. 选定机型　先选生产厂家（Terrot：德国德乐公司），确定机器型号（UP372），根据机器型号选筒径（30 英寸）、选机号（24G）。

2. 微变/不变区域　当上述参数选定后，机器的路数（72）、总针数（2268）、选针位数（2）和级数（37）等可以一一确定。

3. 花色组织选择　从“花色组织选择”中选出设计的花型组织类型（色织提花组织）。

4. 花型参数　通过机型和花色组织等选择后，确定花高和花宽。花宽 B 与织针的排列形式有关，B_{max} < 总针数 N；花高 H 与组织形式和路数有关，H_{max} < 路数 M。根据设计的织物组织、图案表现的思想来确定色纱数。在此选择花宽：36；花高：36；色纱数：2。

5. 提花片排列形式　选择提花片排列形式为步步高。

三、绘制意匠图

当花型设计参数选择好后，单击“选定此机型”，将出现意匠图工作区域，如图 5 - 27 所示。

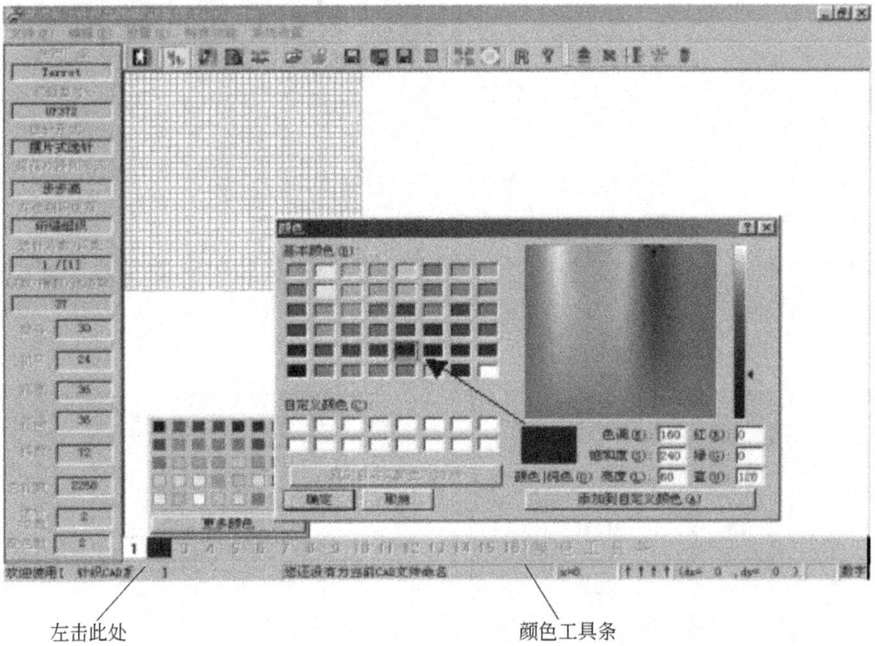

图 5 - 27　意匠图工作区域

在状态栏中，有一颜色工具条，它是根据所选定的色纱数来确定的，色纱的颜色可以在颜色对话框中选择。左击 1 ，将出现如图 5 - 27 所示的颜色对话框，设计人员可以根据自己的要求选择所需的颜色。

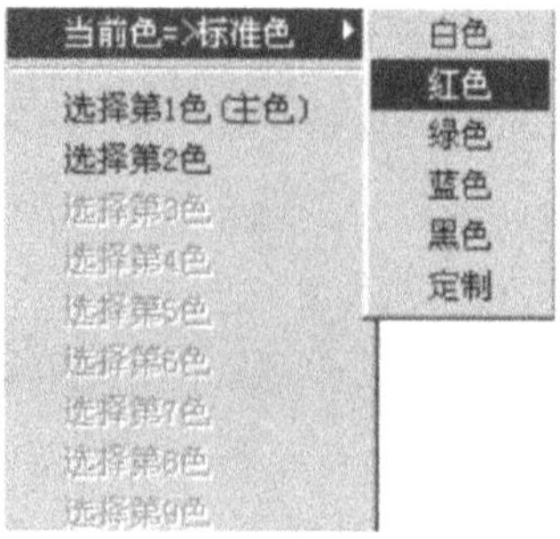

图 5－28　选择色序

将鼠标移至意匠纸上，鼠标旁出现“主色”字样，说明已进入设计界面。击鼠标右键将出现如图 5－28 所示的下拉式菜单，可选择绘图色序。若右键击“选择第一色（主色）”时，把鼠标放在意匠纸上，设计人员不能在意匠纸上设计花型，因该主色为意匠纸色。此时再右键“当前色→标准色”，则出现供选择的颜色，若右键击“红色”，则意匠纸颜色变为红色。

当设计好花型图案后，若觉得该颜色效果不令人满意，可通过颜色的改变，来改变意匠图的花型效果，如图5－29所示。

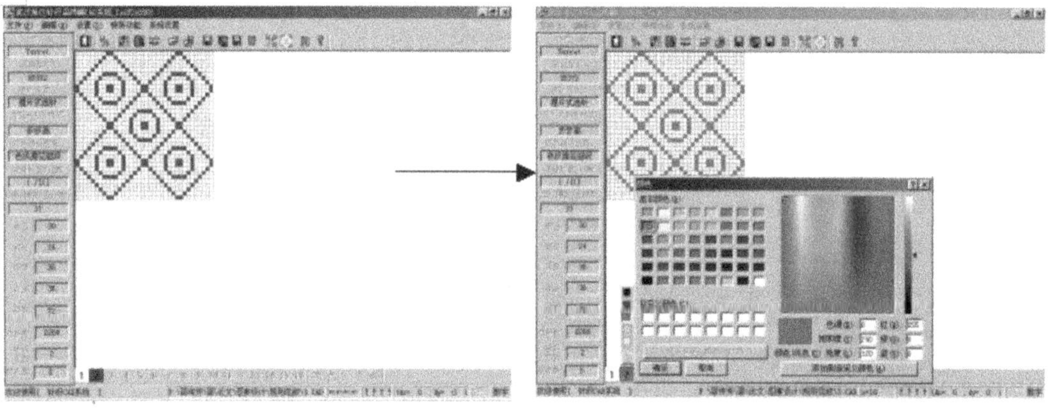

图 5－29　改变绘图颜色

当觉得该花型图案不适合设计要求，可以单击▇，意匠纸就以当前参数重新设计，如图 5－30所示。

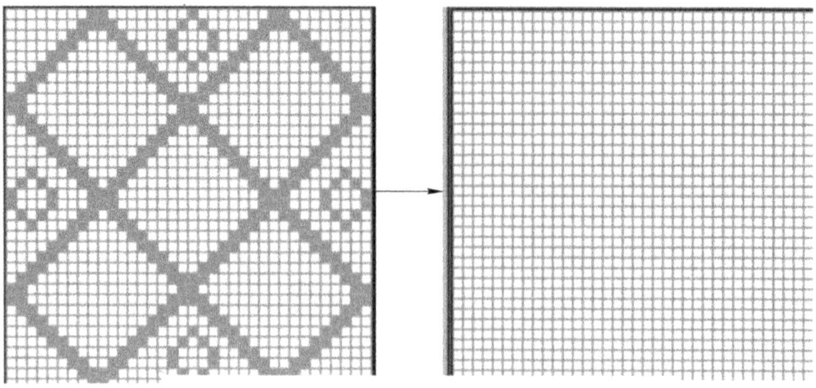

图 5－30　设计参数不变刷新意匠纸

四、智能化模拟布样

设计好意匠图后，点击图标，工具栏中出现一系列改变布样效果的按钮（图 5-31），同时所设计的花型按四方连续形式排列展示效果，如图 5-32（a）所示。

图 5-31　智能化模拟布样工具条

点击放大图标，出现放大效果如图 5-32（b）；点击缩小图标，出现缩小效果如图 5-32（c）；单击缩放为 1∶1 图标时，按 1∶1 缩放如图 5-32（d）。

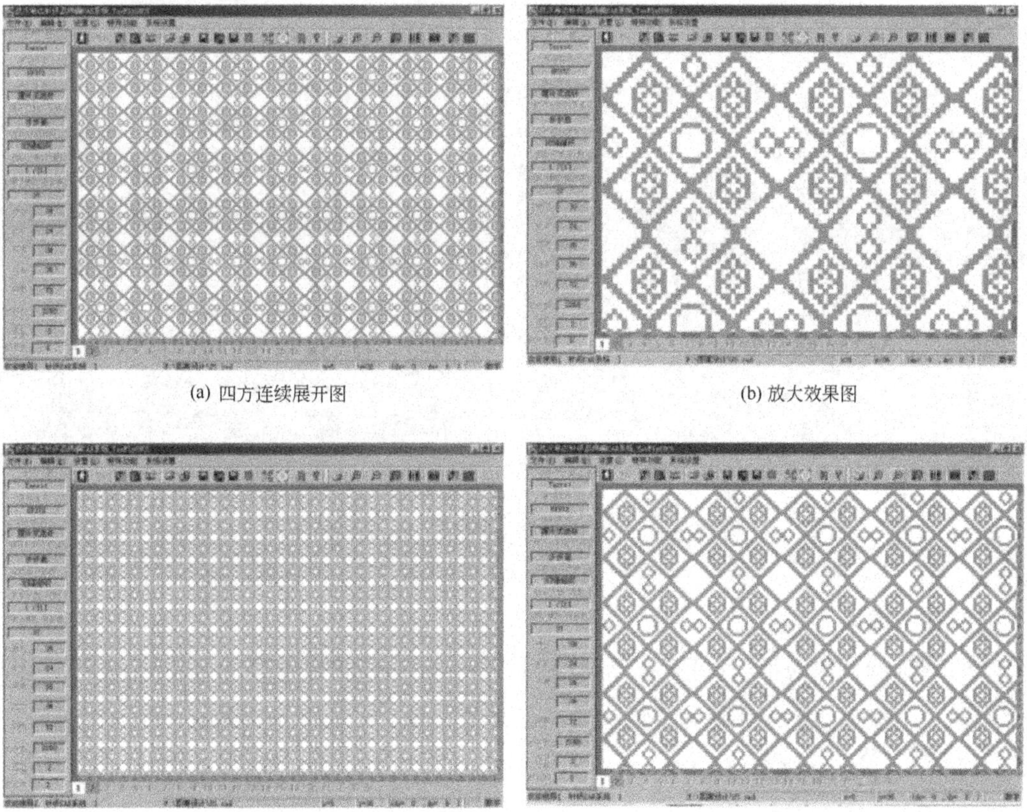

(a) 四方连续展开图　(b) 放大效果图

(c) 缩小效果图　(d) 1:1缩放图

图 5-32　智能化模拟布样效果图

单击，可设置预览比例，即改变纵横密比例，如图 5-33 所示。

若感觉布样颜色效果搭配不当，可以通过改变颜色来改变布样效果。单击将出现颜色选择对话框，选择合适颜色，如由绿色变为红色。

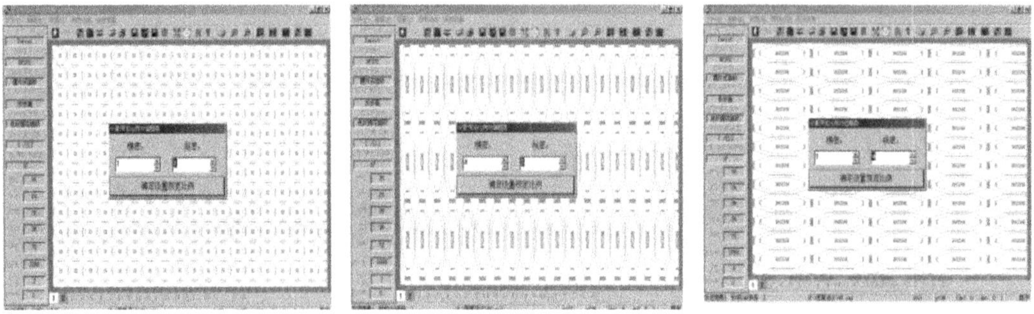

(a) 1:1　　(b) 4:1　　(c) 1:4

图 5－33　改变纵横密显示比例

单击 或 ，出现颜色的“更换”对话框，单击更换，布样颜色就发生了改变（如红白两色交换），如图 5－34 所示。

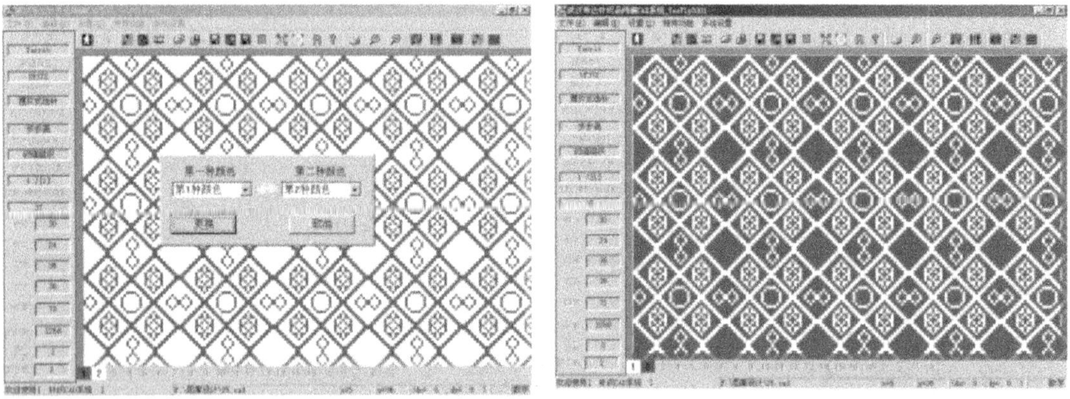

图 5－34　更换颜色对话框及换色效果

五、反面效果

单击 ，出现一对话框，可有小芝麻点、大芝麻点、纵条和横条等反面效应选择，灰色按钮为不可选，选择后分别出现反面效应图和三角排列图，如图 5－24 所示。若为绗缝组织，则反面效应为单色，如图 5－35 所示。

六、工艺单

编织的花型将根据具体机型显示工艺单。本例为摆片式提花机构排出摆片位置。工艺单根据意匠图设计的图案可按花纹横列数 和机器路数 排出工艺单，点击图标 和 时，可以选择改变横列数和路数，如图 5－36 所示。

设计完成后，点击存盘图标 ，存储所设计花纹意匠图和设计参数，供以后重复使用或

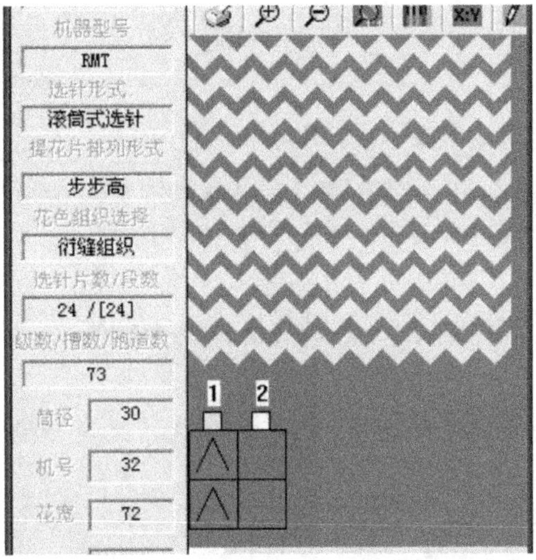

图 5－35　绗缝组织为单色反面效应

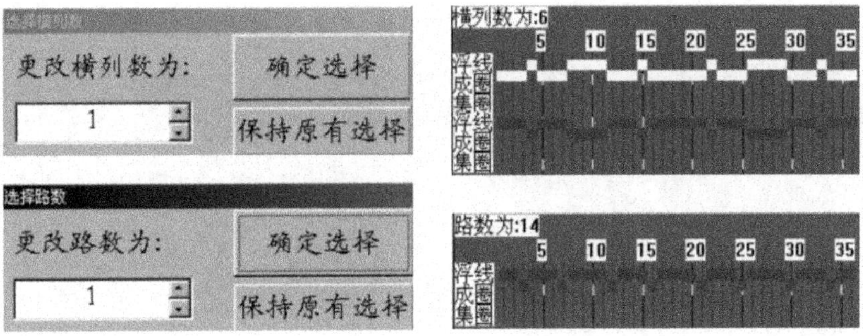

图 5－36　按花纹横列数和机器路数排出摆片位置工艺单

修改，也可按打印图标，打印输出。

思 考 题

1. 试述针织企业采用 CAD 技术设计纬编花色组织的几种主要方法。
2. 试述常用纬编 CAD 系统的功能。
3. 如何表示提花轮花型数据的位移？
4. 简述纬编花型数据存储的转换关系。
5. 参考设计实例，选择插片式选针某花色组织，试述纬编 CAD 系统设计步骤。
6. 参考设计实例，选择提花轮选针某花色组织，试述纬编 CAD 系统设计步骤。
7. 参考设计实例，选择多跑道选针某花色组织，试述纬编 CAD 系统设计步骤。
8. 参考设计实例，选择滚筒式选针某花色组织，试述纬编 CAD 系统设计步骤。

上机实验

1. 在计算机上按滚筒式选针要求，分别用对称和非对称形式，用纬编 CAD 系统设计色织提花产品，并输出上机工艺单，分析反面效应及三角排列。

2. 在计算机上按插片式选针要求，分别用两种非对称形式，用纬编 CAD 系统设计集圈产品，观察意匠图的表现形式，并输出上机工艺单。

3. 在计算机上按摆片式选针要求，分别用两种对称形式，用纬编 CAD 系统设计单胖和双胖产品，输出上机工艺单，并作比较。

4. 在计算机上按提花轮式选针要求，用纬编 CAD 系统设计提花毛圈产品，输出上机工艺单，分析花型的位移状况。

5. 在计算机上按多跑道选针要求，分别用对称、非对称、自定义等多种形式，用纬编 CAD 系统设计提花集圈产品，输出上机工艺单。

第六章 针织物经编 CAD 系统

本章知识点

1. 经编针织物的表示方法，多梳经编机花梳集聚原理，贾卡经编起花原理。
2. 经编 CAD 系统工作流程和各模块功能。
3. 多梳和贾卡经编 CAD 软件操作流程和使用方法。

第一节 概 述

一、经编织物花纹形成原理

相对于纬编织物花纹主要由选针机构形成花色效应，经编织物花纹主要是通过改变导纱梳栉（导纱针）的横移垫纱运动来实现的。根据导纱梳栉的结构和导纱针的运动形式可以分为三类。

1. 导纱针满针配置的导纱梳栉进行整体垫纱横移运动 这类导纱梳栉主要用于经编机编织基础组织的梳栉。

（1）特利柯脱（Tricot）高速经编机、双针床经编机、毛圈经编机等的导纱针为满针配置的梳栉，通过几把梳栉的不同横移运动形成花纹。

（2）多梳经编机的地梳栉进行整体垫纱横移运动编织成各类网格，形成多把花梳垫纱的骨架。

（3）贾卡经编机的地梳栉进行整体垫纱横移运动形成方格，作为贾卡花纹垫纱的基础。

2. 少数导纱针零星配置组成花梳作局部垫纱横移运动 多梳经编机的花梳梳栉数多，但每把梳栉上配置的导纱针数量很少，通过各把花梳不同的横移运动，花梳上导纱针各自垫纱形成花纹的局部效应，由多把花梳形成花纹的整体效应。

3. 满针配置的导纱梳栉整体垫纱横移中伴随个别导纱针的异动垫纱 贾卡经编机的贾卡梳栉上导纱针既随贾卡梳栉横移垫纱运动，又受贾卡偏移装置的控制进行偏移异动垫纱，由此形成厚实、网孔、稀薄等花纹效应。

二、经编针织物的表示方法

（一）线圈结构图

线圈结构图是把经编织物结构放大以后描绘下来的，根据线圈形态又可分为实际形态

图 6-1　线圈结构图

和理论形态两种。如图 6-1 所示,线圈结构图形象直观,能清楚看出线圈结构,并能分析导纱针的运动情况。但是线圈结构图的描绘相当费时,对于多梳织物和双针床织物,几乎不可能,有一定的局限性。

线圈通常有三种形式,闭口线圈如图 6-2(a)所示,开口线圈如图 6-2(b)所示,重经线圈如图 6-2(c)所示。在闭口线圈中,线圈基部的延展线互相交叉;而在开口线圈中,线圈基部的延展线互不相交;重经线圈由一经编线圈和一纬平针线圈组成,这一横列两个线圈之间用沉降弧联接,上下横列两个线圈之间用延展线联接。重经线圈由于编织困难,应用很少。

为了使经编针织物具有一定的物理机械性能和花色效应,达到一定的使用价值,常常采用两把或更多的梳栉,用不同色别、不同类型的纱线,以不同纱线的穿空比例排列,应用不同的组织和千变万化的垫纱记录,以及不同的机器结构、机器特点等来进行编织。

(a) 闭口线圈　　(b) 开口线圈　　(c) 重经线圈

图 6-2　线圈形式

(二)意匠图

1. 点纹意匠图　点纹意匠图又称垫纱运动图,是用从下到上的点行表示针依次形成的线圈。用横向的点列表示依次排列在针床上的针,规定点上方表示针前(机后),点下方表示针背(机前),用连续的线段表示导纱针在针前和针背的移动情况(图 6-3),由此可直观的表示经编组织。图 6-4 所示为变化经缎组织的垫纱运动图。

点纹意匠图主要用于表示普通特利柯脱经编机、普通拉舍尔经编机、双针床经编机等满针配置的导纱梳栉的垫纱运动,多梳拉舍尔经编机地梳栉的垫纱运动,贾卡经编机地梳栉的垫纱运动。多梳拉舍尔经编机通过地梳的垫纱运动形成各类网格的地组织,如方格网眼、菱形网眼和六角网眼等。贾卡经编机通过地梳的垫纱运动形成方格网孔。双针床经编机点纹意匠图表示方法与单针床经编机略有不同,主要有三种形式,如图 6-5所示。

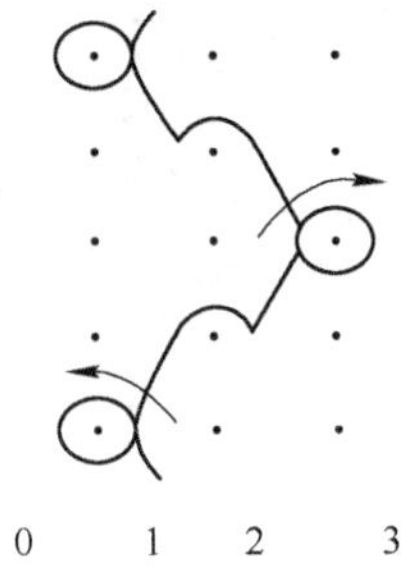

图 6－3 垫纱运动图

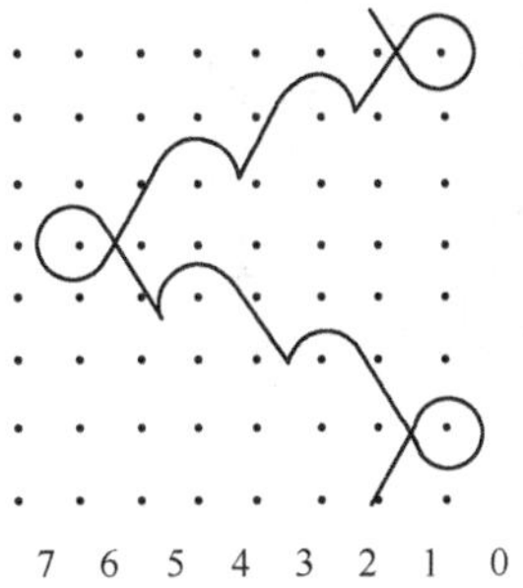

图 6－4 变化经缎组织垫纱运动图

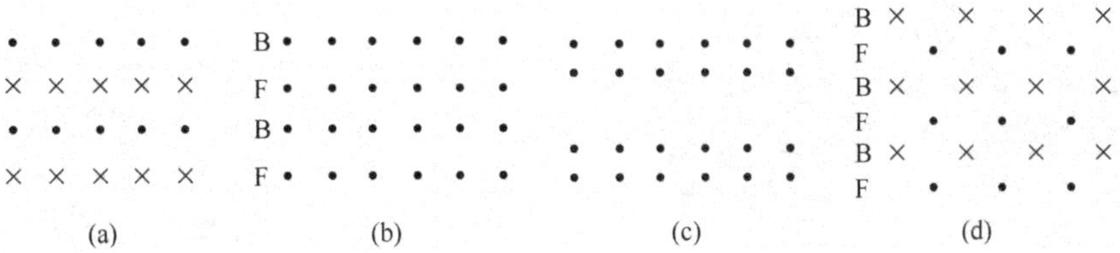

图 6－5 双针床经编机点纹意匠图

(1)前后针床上织针针头分别用不同的点表示，如用圆点表示前针床织针针头，用×表示后针床织针针头，如图 6－5(a)所示。

(2)在点纹意匠图横列旁标注字母 F、B 分别代表前后针床的织针针头，如图 6－5(b)所示。

(3)点纹意匠图中每两横行为一单元组，表示在同一编织循环中的前后针床织针针头，组与组间用较大距离分开。每单元组中，第一横行代表前针床织针针头，第二横行代表后针床织针针头，如图 6－5(c)所示。

双针床经编机根据前后针床织针对位形式又分为罗纹对针(即前后针床织针呈相间配置，错开半个针距)和双罗纹对针(两针床针与针相对配置)，分别如图 6－5(d)和图6－5(a)所示。其点纹意匠图结构也有所不同。

2. 网格意匠图 花梳导纱针沿着地组织网格节点运动形成局部花纹效应的垫纱运动图称为网格意匠图。多梳拉舍尔经编织物的花梳是在地组织网格基础上垫纱形成局部花边效应，若采用点纹意匠图无法表示花边花纹，此时采用专用的网格意匠纸可以很方便的绘制花梳的垫纱运动。

多梳经编机编织的网格结构有多种形式，常用的网格结构有六角形蜂窝结构(图 6－6)、方形结构(图 6－7)和菱形结构(图 6－8)等。而弹力多梳花边织物的网格结构还可采用弹力网眼结构(图 6－9)和“技术”网眼结构(图 6－10)。在多梳花边织物设计时，还可根据地组织结构的变化，采用几种网格结构组成的混合形网格结构，图 6－11 为方格和菱形混合网格结构。采用相对应的网格意匠纸可以很方便的设计各种多梳花边织物(图 6－12)，花梳的垫纱运动一目了然。

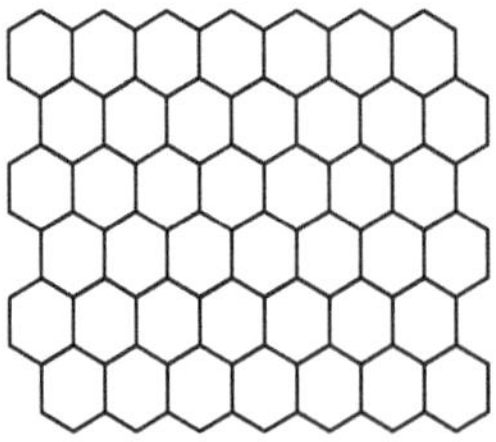

图 6－6　六角网眼意匠图

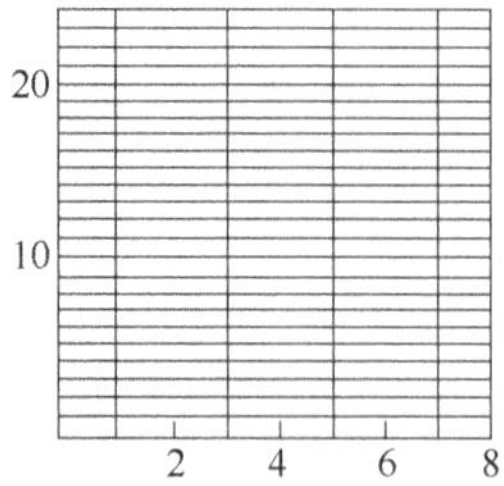

图 6－7　方形网眼意匠图

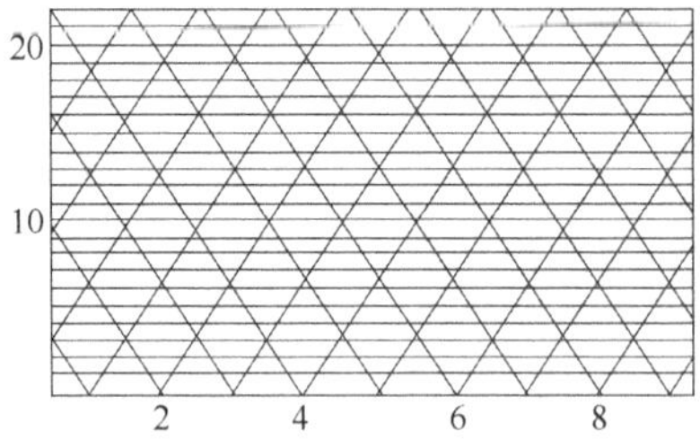

图 6－8　菱形网眼意匠图

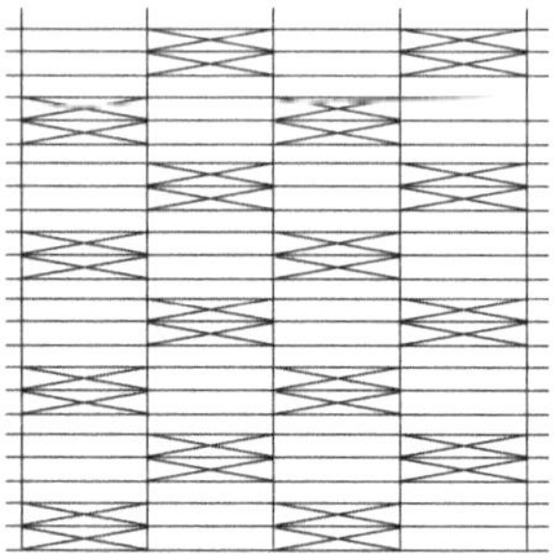

图 6－9　弹力网眼意匠图

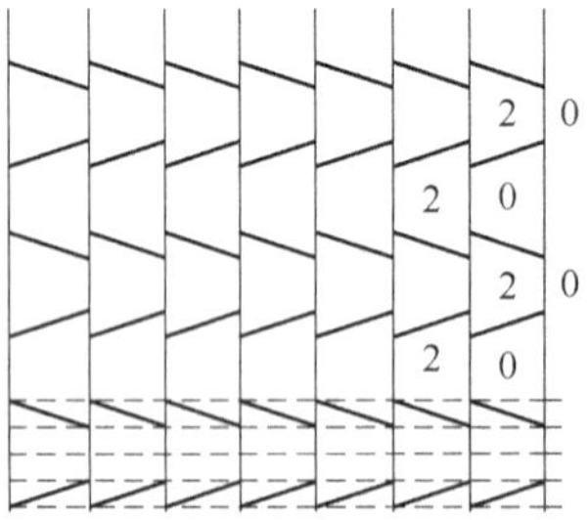

图 6－10　技术网眼意匠图

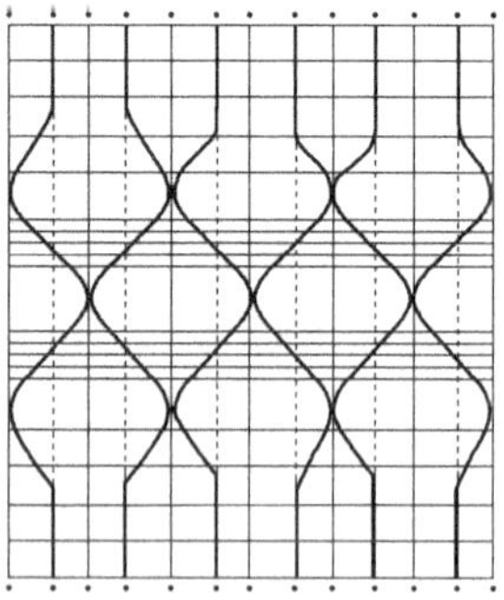

图 6－11　方格和菱形混合网格意匠图

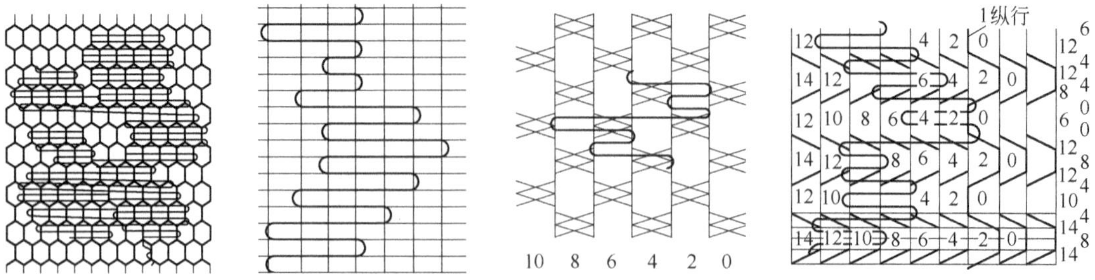

图 6－12　各种多梳花边织物设计的意匠图

3. 彩格意匠图　贾卡经编织物、双针床毛绒织物、单针床色织毛圈织物、提经提花织物和缺垫织物等进行花型设计时，一般在方格纸上用彩色笔进行描绘，如图 6－13 所示（类似于纬编的意匠图）。在格子纵向上一个小格的高度一般表示一个线圈横列或两个线圈横列（贾卡织物），一个小格的宽度表示一个针距，不同的颜色表示不同的组织，一般把这种彩色图称为彩格意匠图。其中最简单的是提经提花经编织物采用的黑白两色组成的意匠图，如图 6－14 所示；最复杂的是贾卡经编织物用的意匠图，根据贾卡梳栉数和纱线粗细的使用情况，需用的彩色数达 3～9 色。

随着多梳和贾卡技术的发展，产生了多梳和贾卡复合型的 Jacquardtronic 经编产品，即在多梳拉舍尔经编机上带有贾卡装置，花型设计时需采用复合型的意匠图，即方形网格结构加彩格组成的意匠图，如图 6－15 所示。

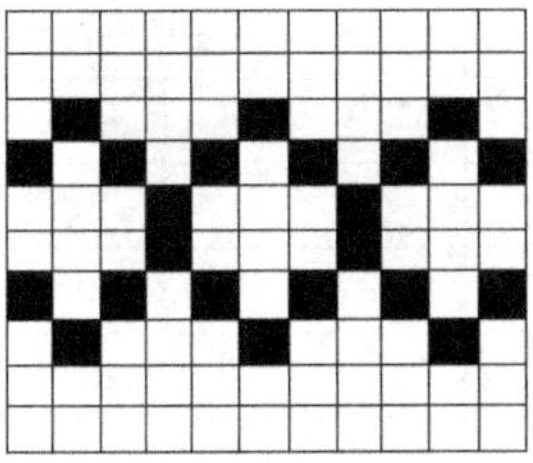

图 6－13　彩格意匠图

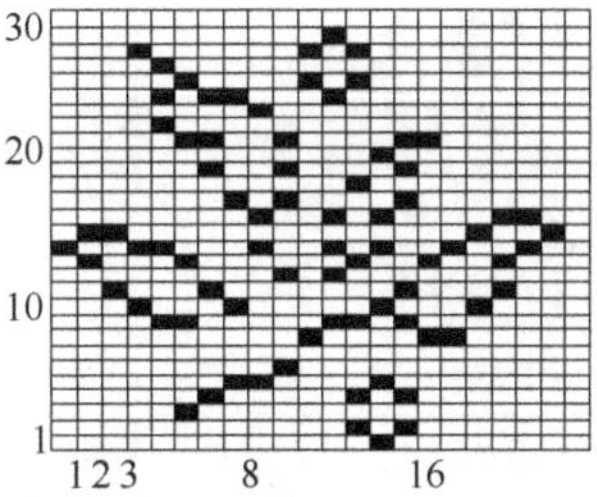

图 6－14　提经提花意匠图

（三）垫纱记录

垫纱记录又称垫纱数码，以数字 0、1、2、3、…（一般特里柯脱经编机用）或 0、2、4、6、…（一般拉舍尔经编机用）顺序标注针间间隙，数字顺序以梳栉横移机构在经编机上的位置来确定。若在机器左侧，则从左开始；若在机器右侧，则从右开始。垫纱记录就是由下向上按顺序记下各横列导纱针在针钩的垫纱情况。图 6－16 所示为经缎组织，其垫纱记录为：

GB1：5—6/5—4/4—3/3—2/2—1/1—0/1—2/2—3/3—4/4—5//。

GB2：1—0/1—2/2—3/3—4/4—5/5—6/5—4/4—3/3—2/2—1//。

其中："/"表示横列与横列之间的隔离符号，"//"表示花纹循环的结束符号。

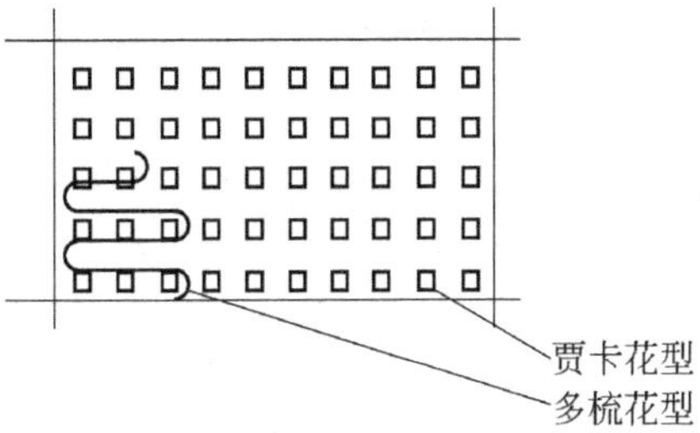

图 6－15　多梳贾卡复合型意匠图

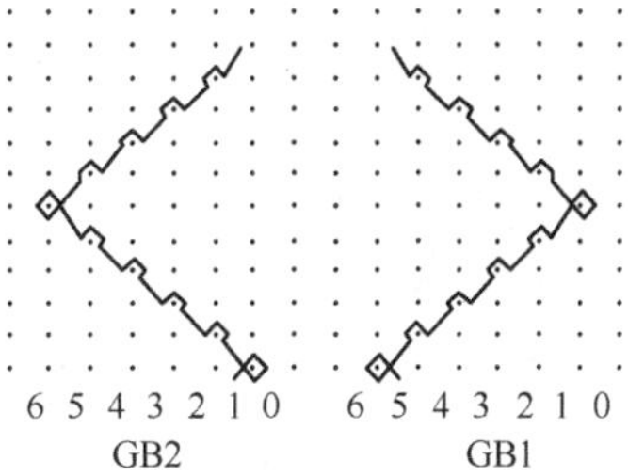

图 6－16　经缎组织垫纱运动图

现在高速拉舍尔经编机和线性电动机控制梳栉横移的经编机都已采用特里柯脱编号方法，仅有多梳经编机还采用偶数编号。

双针床经编组织在垫纱运动图中，奇数横列表示前针床的垫纱情况，偶数横列表示后针床的垫纱情况。而双针床经编组织用数码表示时，则将一横列前针床和一横列后针床的针前垫纱移动情况顺序写在一起。

关于导纱梳栉编号，从 2001 年 1 月开始实行新的导纱梳栉标注方法。特利柯脱经编机原来是从后向前编号，新的标注法规定特利柯脱经编机导纱梳栉的编号也是从前到后，这样与拉舍尔经编机一样。地梳、花梳、贾卡梳和衬经梳用不同的字母来表示。新的方法对所有经编机，包括缝编机、钩编机和管编机都适用，详细见表 6-1。

表 6-1　导纱梳栉编号

梳 栉 类 型	表 示 符 号	梳栉位置举例
导纱梳	B	B1
地梳导纱梳	GB	GB1
花梳导纱梳	PB	PB1
贾卡导纱梳	JB	JB1
衬经导纱梳	FB	FB3

三、多梳经编机花梳梳栉的集聚

在多梳栉拉舍尔经编机中，花梳数量较多，但每把花梳使用的导纱针较少，可以采用梳栉集聚技术，使多把花梳的导纱针在不发生相互碰撞的基础上，梳栉集聚在同一条横移工作线上，缩短了梳栉在织针间的横移时间。梳栉集聚和排列是多梳栉拉舍尔经编机中工艺设计上的一项重要工作。梳栉集聚有以下几项基本原则。

(1)多梳栉集聚后组成的横移工作线要减到最少的程度，以利提高机速，保证机器正常工作。

(2)梳栉集聚后的最大宽度，在梳栉摆动时与其他成圈机件运动曲线的时间要相吻合。

(3)集聚后的梳栉摆到机后时，前梳要有一定的倾斜角度，才能保证前梳的针钩垫纱。

(4)集聚线内的花梳可以为 2 把、4 把、6 把等几种，考虑到花梳横移彼此应尽量少受制约，常在摆动动程许可范围内和不影响机速的情况下，多将 2 ~ 4 把花梳集聚在一起。

(5)靠近机前地梳的集聚线梳栉，针背垫纱时间较为充裕，常将横移动程较大的花梳放到这些横移工作线内，以充分利用机器条件。

(6)集聚线内各梳栉横移后应有 1 ~ 2 针的间隔，以免发生碰撞。

(7)所有衬纬梳栉横移方向一致，以便集聚。

(8)左右横移方向基本一致、针距数差不多而又互不碰撞的梳栉组成一条横移工作线，如衬纬花梳多在一起，放在前面的横移工作线上，包边花梳多在一起放在后面的横移工作线上。

根据这些原则，一般八梳以内的拉舍尔经编机，梳栉不作集聚，成为八条横移工作线；八梳以上的拉舍尔经编机的梳栉集聚线，因梳栉的多少而不同，通常集聚为 8 ~ 12 条横移工作线。目前最多的 78 把拉舍尔经编机，也只集聚为 18 条横移工作线。

图 6－17 所示为几种 MRS 型多梳栉拉舍尔型经编机梳栉集聚排列，SU 表示电子提花。MRS42SU 型机一共组成 13 条横移工作线；MRS56SU 型机组成了 16 条横移工作线；MRE36SU 型机的机前机后各两把地梳，共 13 条横移工作线；MRE50SU 型机共 16 条横移工作线。MRGSF31/12SU 型机带有压纱板，3 把地梳在中间，地梳前面为压纱板，压纱板前有 12 把花梳，地梳后有 16 把花梳，共组成 10 条横移工作线和一条压纱板工作线。MRGSF31/16SU 型机同上，地梳有 12 把花梳，组成两条横移工作线，共有 9 条横移工作线和一条压纱板工作线。

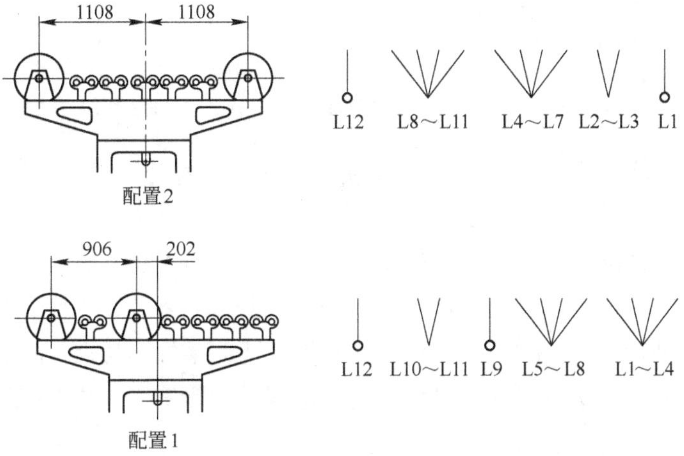

图 6－17　几种 MRS 型经编机梳栉集聚排列图

四、贾卡经编起花原理

由贾卡提花装置分别控制拉舍尔经编机全幅的各根部分衬纬纱线（或压纱纱线、成圈纱线等）的垫纱横移针距数，从而在织物表面形成厚、薄、稀孔等花纹图案的经编织物，称为贾卡提花经编织物，简称贾卡经编织物（jacquard warp knitted fabric）。

最简单的贾卡经编组织是由编链和衬纬组成的双梳织物，地梳栉为编链作成圈编织，贾卡梳栉作 4—4/0—0 衬纬垫纱运动，通过贾卡梳栉部分导纱针的偏移形成花色效应，如图 6－18所示。

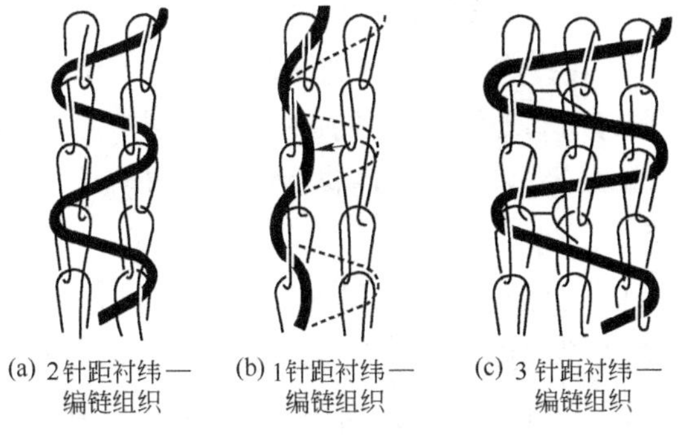

图 6－18　衬纬编链双梳织物及其起花

图6-18(a)为每横列中移位针都提到高位,相应的贾卡导纱针就按贾卡梳栉的2针距衬纬运动进行垫纱,得到2针距衬纬—编链组织。在这种组织中,贾卡花纱在两相邻的地纱编链空隙中,每两个横列中分布覆盖两根贾卡衬纬纱,如图6-19(b)所示,在织物中构成半密实区域(或称稀薄组织)。

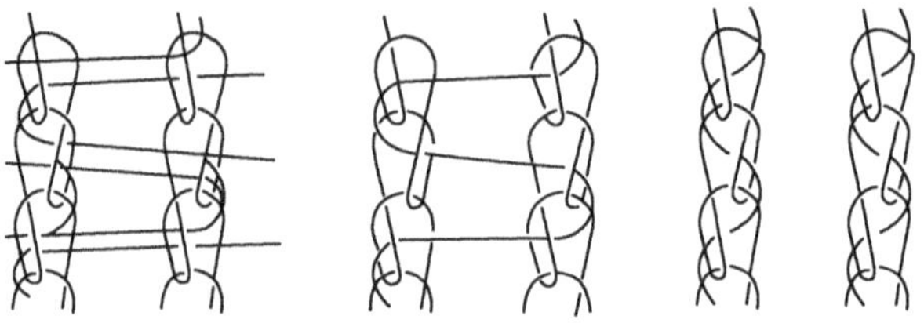

图6-19 三种组织衬纬纱的分布

图6-18(b)为移位针在贾卡梳栉右移横列(称为"A"横列)中处低位,随后的左移横列(称为"B"横列)中处于高位。即在右移的A横列中阻挡减少一个贾卡导纱针针距,从而形成1针距衬纬—编链组织。在这种组织中,贾卡花纱只是绕在各地纱编链上,在各横列中没有衬纬纱分布,如图6-19(c)所示,即相邻的编链空隙中没有贾卡花纱覆盖。所以在织物中就构成网孔区域(或称网孔组织)。

图6-18(c)为移位针在A横列时处高位,B横列时处低位,即在左移的横列中推延一个导纱针距,从而形成了三针距衬纬—编链组织。在这种组织中,贾卡花纱在两相邻的地纱编链空隙中,每两个横列中分布覆盖四根贾卡衬纬纱,如图6-19(a)所示,在织物中构成密实区域(或称密实组织)。

由两把贾卡梳栉或采用其他垫纱运动形式,可以编织更为复杂的贾卡经编花色效应。

五、经编花型CAD系统设计

从上述经编针织物表示方法可以看出,经编针织物花色种类多,花纹效应突出,能满足大众对新型花色产品的需求,但同时也给产品开发人员设计花色组织增加了难度。采用CAD技术可以极大地减轻设计人员的劳动强度。

经编CAD系统通过在操作界面上展示各类花纹意匠图。基础组织显示点纹意匠图;多梳花边织物设计时,根据所选用的地组织类型显示所对应网格意匠图;贾卡花色组织显示方格意匠图。通过选用垫纱记录等多种形式,使花型设计变得简单,鼠标点击使每步的操作可视化、清晰明了、修改方便。

经编织物的花型设计工作(即花型的获取、梳栉数确定及意匠图绘制)是经编织物生产中较为复杂的工序,目前多为手工操作,对工人的技术要求高,劳动强度大,设计周期长,而生产效率低。使用经编CAD系统能够大大缩短设计周期,在上机之前就能够预知织物效果,从而大大地提高了新产品开发的成功率。目前,在经编行业中,也研制推出针对各种机型的经编针织物设计软件，从而改变了设计人员的工作模式，大大提高了生产效率。

经编织物设计的过程是：设计人员首先画出花纹小样，然后通过扫描仪把花纹图案转移到计算机中，通过经编 CAD 系统进行梳栉分配及原料选择，然后自动确定各把梳栉的垫纱运动，从而可以确定各把梳栉的花型数据。利用经编 CAD 系统不仅可以进行花纹设计，而且能够进行织物效应仿真。最终还可以记录各项数据，并把这些数据保存到存储器上，直接用于对经编机的控制。

针织经编多梳栉 CAD 系统主要应用于条形花边、面料花边、窗帘花边的设计。它在功能上以花型设计为主，系统不但能够提供丰富的花型设计工具，而且具有仿真功能，设计完成之后能够生成花型数据直接控制花边产品上机。

贾卡经编织物是一类网眼型装饰织物，贾卡经编产品已在国内外广泛流行，主要用作窗帘、台布、床罩等各种室内装饰与生活用织物，也可用作妇女的内衣、胸衣、披肩等带装饰性花纹的服饰物品。经编贾卡 CAD 系统可以设计织物花纹组织，并最终生成控制纹板。

第二节　经编 CAD 系统介绍

一、软件运行及调试环境

WINDOWS 操作平台，Visual C ++ 语言编程。采用了 C ++ 的封装使得经编 CAD 系统具有很高的可靠性和透明度，便于功能扩充、移植和软件维护。具有类继承特点，可继承 WINDOWS 的资源和信息。

二、经编 CAD 系统的总体结构

经编 CAD 系统的总体结构如图 6－20 所示。

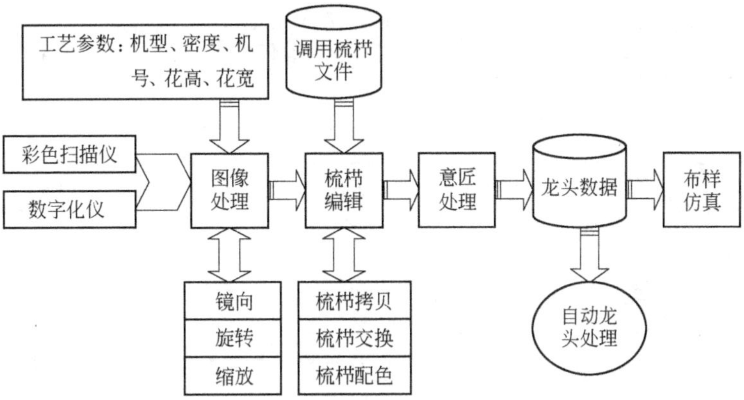

图 6－20　经编 CAD 系统总体结构

三、多梳经编 CAD 系统功能介绍

多梳经编 CAD 系统功能见表 6－2。

表 6－2　多梳经编 CAD 系统功能描述表

序号	功能	子　功　能	功 能 简 要 说 明	备　　注
1	求梳栉图	输入花型工艺	在对话框中输入每一梳栉的起始位置、链块数据	
2		画点(POINT)	随机性选用不同梳栉号和横列数。可连画点轨迹。并在指定点插入或删除梳栉轨迹点	
3		画直线(LINE)	选用 2～3 把梳栉，按直线轨迹画出梳栉的横列	
4		画圆弧	选用 2～3 把梳栉，按圆弧轨迹画出梳栉的横列	
5		画包边(梳栉轨迹逼近)	选用 2～3 把梳栉，使梳栉的横列可按逼近另一梳栉的单向轮廓画出	
6		衬纬(衬)或压纱(压) 压 衬	选用 2～3 把梳栉，改变梳栉的衬纬或压纱状态	
7		地组织 地组 2 2竖线地组织	可表示第 2、第 4、第 10 种地组织	
8		地标线	关闭、显示地组织标志线。并输入参数	
9		梳栉编号	能改变梳栉 2/5/8 的编号，并能自动用红色来区分当前梳栉与其他梳栉的碰撞关系	
10		梳栉排序	能按梳栉编号、起始位置、纱线层次、链块进行排序	
11	图形变换	加入花型	可调用已存的花型。增加梳栉，花型叠加，增加花高，智能化添加花高	
12		梳栉起始位置移动	可选取梳栉号进行左右手起始位置的移动，按 CTRL←/→；或“M_R”拖动	
13		移花中心	可移花梳栉花型中心起始位置。“～”键按下后，左键点击的当前位置被移动到屏幕中心	
14		花型放大	花型放大，按“M_L”，“M_R”或按“2”或“1”键可进行花型的自动缩放调节	
15		纵横比例	可调整梳栉图的纵向横向比例	
16		取消梳栉	可取消或恢复所选中的梳栉。“M_L”选梳，F4 可恢复	
17		花型复制	花型梳栉图形的左右/上下/正反向复制	
18		梳栉复制 JJ	可进行单个或多梳栉的整体复制或局部复制。Sin：单梳栉复制；Mul：多梳栉复制	红色表示梳栉选中
19		梳栉交换	可在原梳栉和目标梳栉间进行梳栉轨迹点交换	
20		梳栉配色	改变梳栉颜色号，“M_L”选梳，按 Enter 键，输入梳栉编号，或按↑↓键前后改变颜色	

续表

序号	功能	子　功　能	功 能 简 要 说 明	备　　注
21	图形输出	链块统计图	按链块的双倒/后倒/前倒/平倒进行统计，按可预览	
22		排针图	打印排针图，根据布幅数和最小布边针数自动设置左右布边排列针数据。按可以第二种方式显示，按可预览	
23		聚集点阵图	用光点表示的三角矩阵来表示两把梳栉及其最短距离	
24		聚集方阵图	按工作线分组计算的梳栉间最短距离值，三角矩阵的集合	
25		纱线层次	可改变纱线的层次用“M_L”选梳，用↑↓改变梳栉层次	
26		花层参数	可改变当前纱线层号、纱线宽度、当前层颜色和原料	
27		染色图	可改变当前纱线层号的颜色	
28	数据输出	链块统计表	可显示或打印链块的统计情况	
29		整经工艺	打印或屏幕显示整经工艺，根据最小布边针数等排列图参数，计算各把梳栉整经头数、穿空比等	
30		织物克重	可计算单个花型循环的坯布长度重量、梳栉的米长和各花层所用原料、长度重量及比例	
31		工艺参数	可输入梳栉的花宽、花高、机号、密度等工艺参数	
32		链块统计移动	调整单把或多把梳栉的最小链块及整个梳栉工艺的左右起始位置	
33		选择花链工艺	可选择输出单把梳栉链块大小	
34		整套花链工艺	可输出整个梳栉链块大小	
35	功能扩展	调用图像	调用一特定图像（每种颜色代表一把梳栉）	
36		生成梳栉	对上述行特定图像进行处理，自动输出梳栉链块	
37		用扫描图作背景	用在扫描图作背景上作梳栉图	

四、花边 CAD 系统设计步骤

1. 扫描　可选用 Photoshop 等绘图工具。

(1) 选“文件”/“输入”/WIA_BENQ

(2) 选用工具：剪切 1.5～2.0 个大小花型。

(3) 选用“文件”/“保存为”，选 BMP 格式。

2. 图像处理

(1)选“文件”/“调用”功能。

(2)可选用“图像处理”/“缩放”功能。

(3)再选用“图像处理”/“亮度”。

(4)选“文件”/“保存为”,选 BMP 格式。

3. 画梳栉图形

(1)选“文件”/“打开”,调用图形。

(2)选 图标,点“扫描图作背景”。

(3)选用 图标,或“文件/调用花形”。

(4)选用 Gy 工具, 改工艺参数。

(5)选用 图标,改文件名字。

或“文件”/“保存为” -》* . pat。

(6)选 图标:拉一个花高花宽,定一个完整花型。

(7)选 图标:移动好一个完整花型的位置。

(8)按“Scroll_Lock”,再按 ,可以用“Tab”归位。

(9) 选 • :画梳栉(可选 等工具)。

(10)去底网,精确画梳栉。

(11)“数据输出”/“链块统计/移动”,如图 6-21 所示。

(12)选 :进行调整纱线层次。1 层底网,2/3 层衬纬,4/5 层压纱。

(13)选 :改变花层参数,如图 6-22 所示。

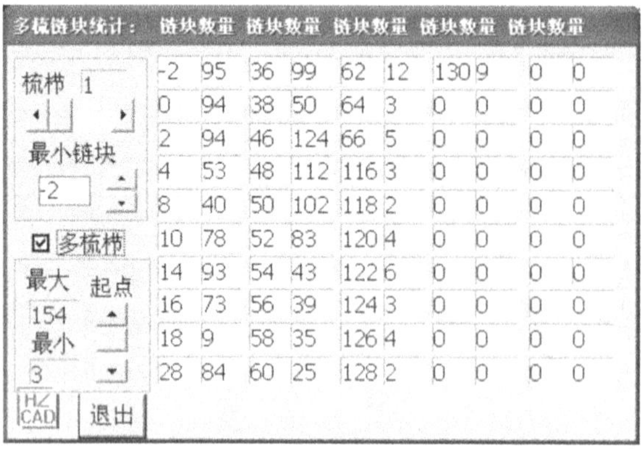

图 6-21 “数据输出” -》“链块统计/移动”

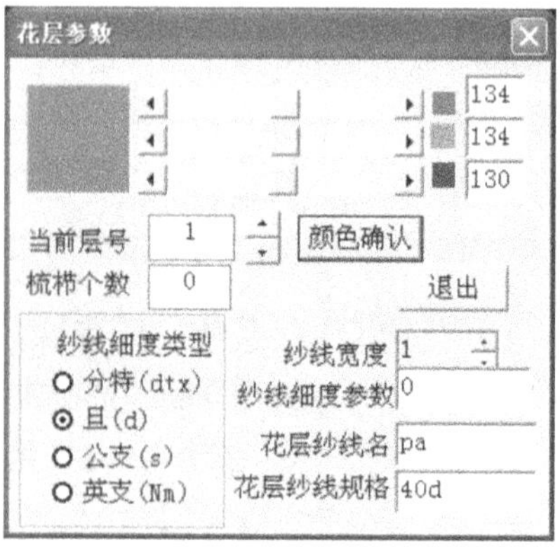

图 6-22 花层参数

（14）选 ：进行梳栉编号。

4	2	3	1
8	6	7	5
12	10	11	9

（15）选 ：进行聚集自动分析，如图 6－23 所示。

（16）选 ，进行改变工艺参数。

（17）选 ：可打印排针图。

（18）选“数据输出”/“打印链块图”可打印输出链块图。

（19）选 ， 可打印梳栉图。

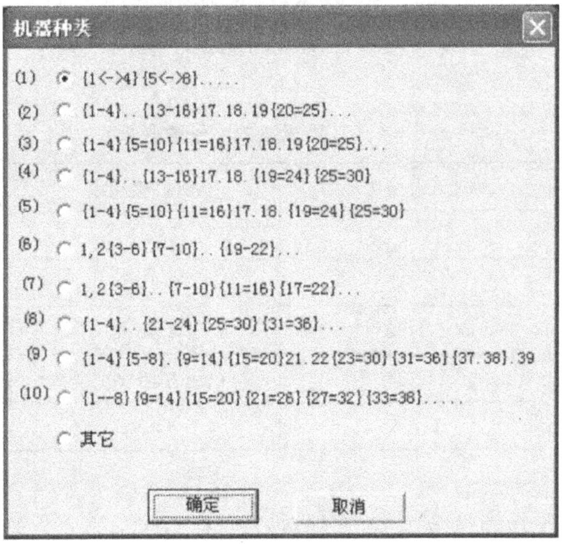

图 6－23　聚集自动分析

五、经编贾卡设计 CAD 系统

（一）贾卡花纹意匠图的制备

在小方格纸中，根据织物组织结构用四种不同的颜色涂覆相应的小方格。通常密实组织在格子中涂红色，稀薄组织在格子中涂绿色或蓝色，网孔组织在格子中以白色（或不涂色）标记。贾卡组织、移位针、控制纹板和意匠图之间的关系见表 6－3。

由表可知：意匠图中涂有颜色的每个格子代表两相邻纵行之间，A、B 两个横列的贾卡花纹的组织状况。在贾卡经编机上编织织物时，如果以所需的花纹廓线为上述三种组织的界线时，在相应的纹板控制下，就能编织出所需要的各种花纹的织物。

表 6-3 贾卡组织、移位针、控制纹板和意匠图之间的关系

序号	制备关系		织物组织		
1	贾卡导纱针编织的组织		厚实组织 （三针距衬纬—编链）	稀薄组织 （二针距衬纬—编链）	网孔组织 （一针距衬纬—编链）
2	相应的移位针状况	A 横列	H（在高位置）	H（在高位置）	L（在低位置）
		B 横列	L（在低位置）	H（在高位置）	H（在高位置）
3	相应纹板上的孔位	A 横列	有孔	有孔	无孔
		B 横列	无孔	有孔	有孔
4	在花纹意匠格子中的色标		红色	绿色	白色

贾卡花纹意匠图的设计有如下步骤。

1. 绘出花纹小样 工艺美术人员通常以成品的实际尺寸或缩小的尺寸绘出所要求的花纹。

2. 选择意匠纸 选择意匠纸的主要要求是，使其中格子的纵边长和横边长的比例与成品织物的纵密和横密比例相一致。现将常用规格的格子意匠纸列于表 6-4 中。

表 6-4 常用规格的格子意匠纸

意匠纸规格	纵边长：横边长	转过 90°使用	纵边长：横边长
8×8	1:1	8×8	1:1
8×9	1:1.13	8×7.1	1:0.88
8×10	1:1.25	8×6.4	1:0.8
8×11	1:1.38	8×5.8	1:0.73
8×12	1:1.5	8×5.3	1:0.66

例如，设计一成品织物的纵密为 11.8 横列/cm（30 横列/英寸），横密为 4.7 纵行/cm（12 纵行/英寸）。因为意匠纸中每一横条代表两个横列，所以纵向 2.54cm（1 英寸）中应有 30 ÷ 2 = 15 横格。其格子的纵边长：横边长 = 12:15，即 1:1.25，所以应选 8×10 规格的意匠纸。

3. 将花纹转移到格子意匠纸上 如花纹小样与成品织物是同样大小的，并且意匠纸的格子纵密和横密也与成品织物的密度是一致的，则可将透明的格子意匠纸覆盖在小样上，将花纹勾画在意匠纸上。如小样大小与织物不相同，则可采用下列三种方法。

（1）利用光学投影设备，将画在透明纸上的小样投射放大到格子意匠纸上，使投影花纹的大小符合设计所要求的格子数（即纵行和横列数），然后将花纹勾画在意匠纸上。

（2）利用缩放仪将花纹转移到意匠纸上。

（3）用画方框法将花纹转移到意匠纸上。

4. 涂色 按花纹组织或色泽的不同区域，用规定的不同色彩对意匠纸上的花纹区域涂

色,从而获得贾卡花纹意匠图。图 6 - 24 为一个贾卡花纹意匠图的简单例子,其中红色区域为密实组织,绿色和蓝色区域为稀薄组织,白色区域为网孔组织。

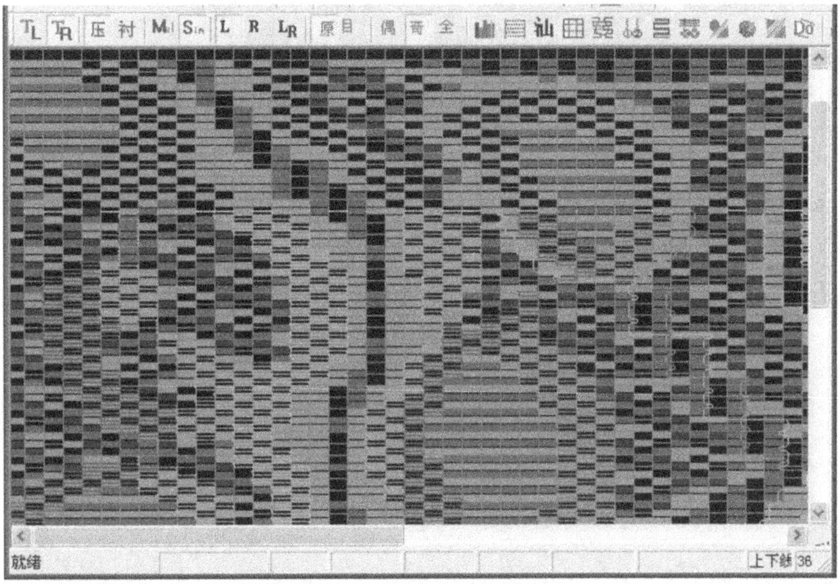

图 6 - 24　贾卡花纹意匠图实例

综上所述,贾卡拉舍尔经编机上的织物花纹组织是由一套纹板控制的。每块纹板控制一个横列的编织。各根贾卡花纱的垫纱运动都由纹板上相对应的孔位控制。因此,对每块纹板的冲孔是按贾卡花纹意匠图中每一相应横列的色标依次冲轧的。所以编织织物的纵向完全花纹的横列数就是这套纹板的块数,而织物横向完全花纹的纵行数,就是每块纹板上一个冲孔循环的孔位数(指单吊)。

(二)经编贾卡 CAD 设计功能

1. 贾卡设计　在进入系统后,如果有多梳花型,先打开已经做好的多梳花型,点击该命令后就可以进行贾卡意匠图的设计了。

2. 调用贾卡　该命令主要用于调用上次保存的贾卡意匠图雏形文件。

3. 显示贾卡走纱　该命令主要是用于设计过程中是否同时显示贾卡纱线的走纱情况。

4. 显示贾卡　该命令主要用于显示和隐藏贾卡方格意匠图形。

5. 存电子贾卡　该命令主要用于存储已完成的贾卡意匠图图形(*. bmp\ *. dib 格式)。在确定保存路径及文件名后,点保存便实现了电子贾卡的保存,文件将被保存为 24 位位图的 *. bmp\ *. dib 格式。

6. 设计新组织　该命令主要用于存储设计的新贾卡花型组织。在执行该命令前,必须在工作区的相应位置做好一个循环的方格花型新组织;在执行该命令后,点击其左侧"选择"虚线框⬚,用虚线框框选之前做好的方格花型新组织,选好后可存储该新组织。

7. 填充组织 该命令主要用于对一定的区域进行组织填充。在执行填充组织命令后用虚线框选择要填充的区域或者是色块，点击右键会出现如图 6 – 25 所示的对话框。

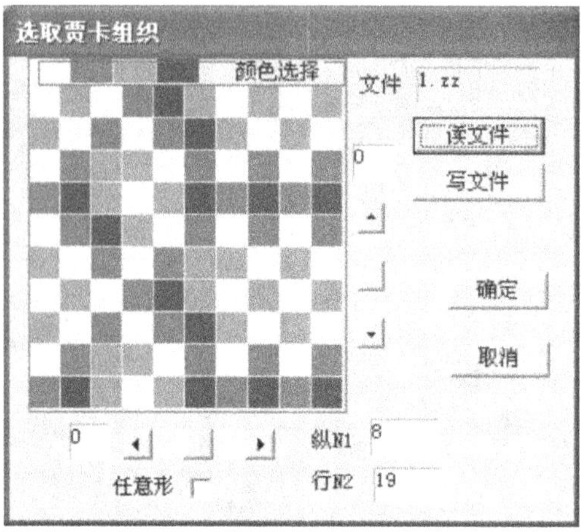

图 6 – 25　贾卡组织填充对话框

8. 白色、蓝色、绿色、红色 这四个命令在工具栏中分别有与之相对应的工具按钮，它们分别代表了网孔、稀薄、厚实和稀薄。

9. 调用 *.col 该命令主要是用于调出存储的贾卡 *.col 文件(已完成的贾卡意匠图)。

10. 存储 *.col 该命令主要是用于存储已经完成的贾卡意匠图文件。在点击该命令后会出现对话框，在确定了保存路径及文件名后点保存便实现了存储已完成贾卡意匠图文件的保存。

11. 合成 col 该命令主要是用于最后贾卡图形的合成。在执行该命令以前，必须先做好以下工作(以图 6 – 26 所示数据为例)。

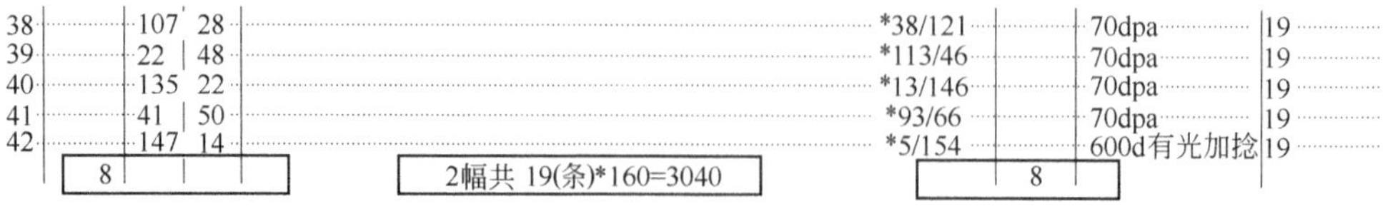

图 6 – 26　排针图数据

(1)运行排针图，得到如图 6 – 26 所示的数据。

(2)由图 6 – 26 所示数据算出其总布宽、布边数、每幅布的条数。由图中数据可知，此花型共有 2 幅 19 条，每条 160 针，共 3040 针，再加上 2 幅 4 条，每条 20 针，共 80 针的布边，总共需 3120 针的宽度。由于机宽是 3136 针的宽幅，所以还余 16 针的空针布边。

(3)在计算好以上数据后,点击“工艺计算” ,在对话框的花型宽度中设置布边的宽度。点确定后,工作区将生成所设置宽度的布边。运用“填充组织”功能将此布边填充成基本组织,并保存为 *.col 的文件,以便在合成时调用。

(4)在完成以上工序后执行“合成 col”命令。在点击该命令后会出现如图 6-27 所示的对话框。

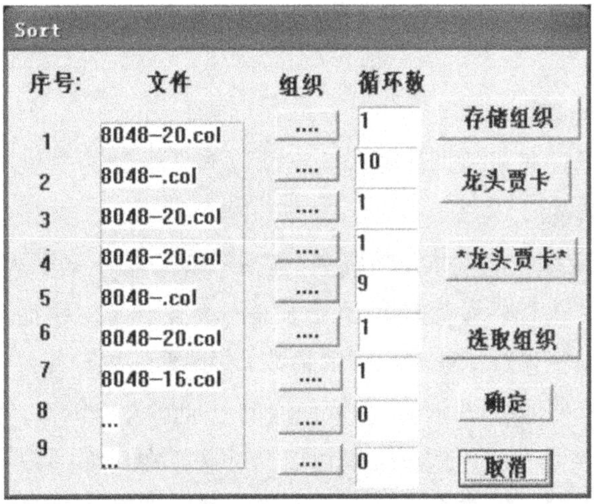

图 6-27　“合成 col”对话框

在此对话框中“序号” 序号: 表示的是,最后合成图形依次从左至右的组织文件的排列次序。“文件” 文件 一栏依次显示的是文件名。“组织” 组织 可以通过其下的按钮 .... 依次导入之前所做的组织文件。“循环数” 循环数 设置图形文件在当前位置的循环次数。“存储组织” 存储组织 在完成了文件的导入以后,可以将组织文件进行最后的合成保存。“龙头贾卡” 龙头贾卡 在保存完合成贾卡组织后,就可以生成最后的上机龙头贾卡文件。点“确定”就完成了贾卡组织的合成。

因此,在图 6-27 对话框中:第一个组织文件是导入的 16 针的余宽布边,它的循环次数为 1 次;第二个导入的文件是布边组织文件,它在此的循环数也只有 1 次;第三个导入的文件是花型文件,由于共 2 幅 19 条,所以可以设此幅循环数为 10 次;第四个导入的文件是两幅布其各自的中间布边,因此它的循环数应设为 2;第五个导入的文件是第二幅布的文件,它的循环数为 9 次;第六个导入的组织文件是最后一条布边,它的循环数为 1 次。其花型排列图如图 6-28 所示。

12. 保存龙头贾卡　该功能主要用于保存在设计贾卡意匠图的过程中保存贾卡意匠图雏形文件。

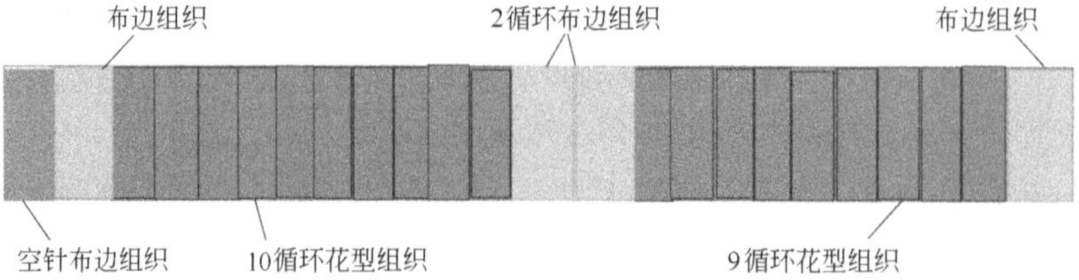

图 6－28　花型排列图

(三)经编贾卡织物设计举例

花型设计有来样设计和新品设计两种。下面以来样设计为例说明应用 CAD 系统进行贾卡花型设计的具体步骤。

1. 分析织物　确定织物的基本工艺参数,包括织物的循环宽度和高度,即花高和花宽,织物的纵密和横密等。花高必须是偶数,且必须是一个完全地组织循环的横列数的倍数,在带贾卡组织的织物中则需是贾卡完全组织的倍数,才能使花型连贯。

2. 扫描织物　为使扫描图片清晰,建议使用的分辨率为 300dpi,色彩选择 RGB 色彩,缩放设定为 100%,即按照 1:1 的比例进行织物扫描。这样在后面的图像处理和花型设计中,可以使织物的意匠效应与实际布样相符。为了能够准确选定一个花纹循环,扫描处理或绘制的图像必须大于一个花纹循环。

3. 工艺参数输入　利用本系统对工作花型进行设计,输入花高、花宽、纵密和横密等参数,把工作花型转成意匠图,必须保证花高和花宽能够被基本组织或变化组织的高度和宽度所整除,否则花型的各个循环之间会过度不连续。

4. 意匠绘制　应用本系统对扫描后的织物图片进行效应层次分割,用不同的颜色填充各个效应层次,其中用红、绿、白分别表示厚实、稀薄或网孔贾卡效应,其他各种变化效应可以使用其他各种颜色来填充。接着,系统对各个代表效应的配色区域填充基本组织或变化组织,生成意匠图。

5. 意匠图处理　此前意匠图中各种颜色仅仅表示某种效应,并没有具体的厚薄等意义。系统对意匠图进行处理后,就可以把花型意匠图转换成可以生产的意匠图,此时意匠图中各种颜色已经具有相应的意义。在本系统中:绿色代表基本贾卡组织,红色代表厚组织,白色代表薄或网孔组织。转换处理完毕之后,还可以根据要求作局部修改,修改完后的结果以 *. yjt 的格式自动保存为当前的意匠图。

6. 生成控制信息文件　意匠图完成后,系统可对意匠图上的各个配色进行定义,即对红色、绿色、白色等配色指定实际的控制信息,如红色控制信息为 HT,绿色控制信息为 HH,白色控制信息为 TH。定义完所有的颜色后,就可以把意匠图转化成可以控制机器编织的花型文件。

7. 真实效果仿真　选用菜单"工艺输出/真实效果仿真",就可输出布面的真实效果仿真。

思考题

1. 试简述经编 CAD 系统的主要功能。
2. 在多梳栉拉舍尔经编机中为什么要采取梳栉集聚?
3. 画出六角网孔组织的垫纱运动图并写出其数码表示。
4. 为避免梳栉碰针,应遵循哪些原则,梳栉应怎样分配?
5. 描述几种贾卡梳栉的偏移组织及垫纱数码。
6. 说明多梳栉经编针织物花型设计的基本步骤。

上机实验

1. 根据所学经编知识及设计原理,设计一款多梳空穿组织。
2. 根据本章的工艺设计方法,设计一款多梳栉花边产品。
3. 根据贾卡经编织物的设计原理,设计一款贾卡产品。

第七章 羊毛衫 CAD 系统

本章知识点

1. 羊毛衫 CAD 系统与普通服装 CAD 软件的主要区别。
2. 羊毛衫 CAD 系统的基本功能，羊毛衫款式设计步骤和设计方法。
3. 羊毛衫 CAD 系统建模原理及实现。
4. 羊毛衫成形编织的收针、放针分配算法。

第一节 概 述

羊毛衫是针织横机编织最主要的一类产品，具有弹性好、保暖性好、款式丰富、色泽鲜艳等优点，羊毛衫宽松、随意、无拘束和多变的特性，能满足人们舒适、自由的生活、追求个性化的需求，逐渐成为一种全年性的服装。羊毛衫产品的生产趋向于采用更新周期短，能迅速适应市场变化的多品种、小批量生产。而传统的手工设计羊毛衫的方式费时费力、周期长、直观性差，而且计算误差大，不符合市场对时装快速翻新的要求，从而制约了企业整体生产效率的提高。

采用 CAD 技术可以把计算机的快速性、准确性和设计人员的思维、综合分析能力结合起来进行联合作业，大大缩短了设计时间，使适应市场需要的周期短、效率高、品种多、变化快的生产方式成为可能。因而，CAD 技术在羊毛衫的设计、生产甚至管理、销售等方面的应用已经成为潮流和趋势。

羊毛衫 CAD 系统的应用主要表现在三个方面。

一、计算机辅助羊毛衫花型设计

横机编织属于纬编，同圆机纬编一样是通过选针机构形成花色效应。可通过花型意匠图设计色织提花花色组织和结构花型花色组织，将意匠图中的花纹符号转换成对应的控制机构如选针、选导纱梭、三角进出等机构的运动，实现花色产品的编织。

电脑横机上的计算机辅助花型准备系统一般都具有这种功能，电脑横机生产厂商提供与横机配套的花型设计系统。其中日本岛精公司（SHIMA SEIKI）的 SES 系列电脑横机采用 SDS 花型设计系统，在羊毛衫花型设计上采用不同色码的颜色分别表示各种结构花纹和色织花纹，采用视窗结构设计，织物花型结构图和衣片图合一，视图直观明了，操作简便。德国斯托尔公司（Stoll）的 CMS 系列电脑横机在选针系统上具有独特的设计，但过去采用 SIRIX

花型准备系统，在设计花型时需要掌握编程技巧，较为复杂。如今采用M1或S1花型准备系统，在Windows XP平台上通过点击鼠标操作，能够很方便的设计花纹效应。其他电脑横机生产厂商也提供了各具特色的花型准备系统。但这类花型准备系统都属于专用设计软件，只适用于与其配套的横机进行生产，且电脑横机软硬件价格昂贵，应用范围有限。这类软件设计图形存储形式采用点阵图结构。

二、羊毛衫花色组织线圈结构的仿真设计

横编编织的羊毛衫产品主要使用羊毛原料，织物线圈结构粗犷，外观效果独特，羊毛衫花色组织及线圈结构的微小变化，在视觉上很容易察觉。因此，横编羊毛衫组织的线圈结构仿真可以直接再现羊毛衫花色组织效应，如提花、集圈、添纱、移圈（挑花、绞花）和双反面提花（桂花针、席纹）等都各有特色，线圈结构仿真成为羊毛衫产品花色组织设计的一大亮点。

香港澎马电脑公司的Prima Vision设计软件属于这一类，它是一个多层次、多功能的CAD系统，可进行机织、针织等不同种类的织物设计，其中的针织部分Knit Expert带有结构单元库，包括多个常用的组织结构，可以进行经编花边结构仿真设计和羊毛衫花色组织线圈结构仿真设计。用户可以随心所欲的利用这些结构单元创建所需的花型，即刻就可看到其模拟的编织效果，并且还可以从羊毛衫款式库中调出任意毛衫款式，用所设计的花型覆盖，得到所需成衣的编织效果。

这类软件属于通用花型准备系统，既可用于普通横机、家用编织机花型设计，也可用于电脑横机花型设计，设计图形存储形式采用点阵图结构。

目前，不少电脑横机花型准备系统也带有花色组织线圈结构仿真设计。

三、计算机辅助羊毛衫工艺计算

横机产品以羊毛衫产品为主，羊毛衫主要原料为羊毛，价格昂贵，因此不能像纬编圆机产品那样先织成坯布，然后裁剪成衣片再缝制成服装。这样原料浪费大，成本高。这就决定了羊毛衫产品必须采用成形编织技术，即通过收针放针技术，直接将原料编织成成形衣片，然后缝合。将编织技术与成衣款式相结合，在编织前就要考虑款式、结构、尺寸，进行编织工艺计算，即进行收针、放针计算，计算成形衣片各部位的线圈数、机器转数等相关工艺参数。羊毛衫产品生产的成形编织特点使普通服装CAD软件无法直接用于羊毛衫款式设计。专用于羊毛衫工艺计算款式设计的CAD系统成为高校和科研机构首选的研究方向。

羊毛衫工艺计算是羊毛衫生产中关键一环，这部分历来由经验丰富的工艺人员手工计算，受经验因素影响大，不是单凭几个计算公式就能完成。但由人工完成不仅费时费力，而且误差和错误也在所难免，加之经验丰富的工艺人员日渐稀少，当进行小批量、多品种的羊毛衫生产时，以该种方式生产样衣就成为整个生产过程中的“瓶颈”。这一问题正在引起越来越多的关注，也应运而生了一些相应的计算机软件。

这类软件属于通用花型设计系统，设计图形的存储形式采用矢量图结构。本章介绍的就是这类集工艺计算、款式设计等多功能于一体的羊毛衫CAD系统。

第二节　系统的整体框架和基本功能

一、系统的整体框架

羊毛衫服装产品的设计需要确定所用原料种类、织物组织、服装款式、配色方法、编织、成衣、染色后整理工艺等多个方面。其中，关键的环节是款式设计和编织工艺的设计。款式新颖、设计周期短是企业在市场中的立足资本，编织工艺的正确性会影响到企业生产的效益。这两个方面是羊毛衫设计的重点。

在当今时装潮流的影响下，羊毛衫生产也日益向着小批量、多品种方向发展，在此情况下，提高生产效率成为首要的问题，而如何缩短产品的设计时间则是提高羊毛衫生产效率的关键。在羊毛衫 CAD 系统中，比如说，用户只要选择工艺单制作，然后输入款号，根据不同的特征选择要做的服装类型和规格参数编辑等，就可立即得到羊毛衫产品的操作工艺单。改变了以往用纸、笔加计算器的设计过程，可大大节省时间，并且程序设计具有用户友好的界面，可方便用户对不满意的工艺计算结果进行修改。

本系统所有相关数据处理都是基于羊毛衫的工艺指标及设计计算的原始数据的基础上。系统功能分为款式设计、号的标准定义、精细分步计算、设计工具栏、工艺单和计算器六大部分。该系统由工艺员管理，分别从款式、款号及羊毛衫的各个部位的规格计算，然后制作的工艺单的一系列过程。并对工艺员提供简单的计算器。

整个系统的整体框架，如图 7－1 所示。

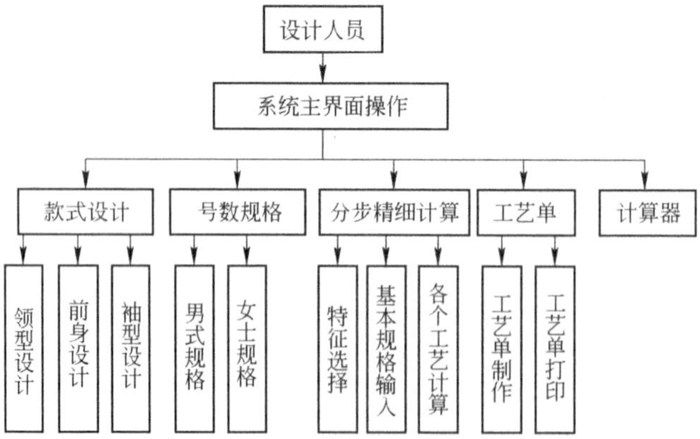

图 7－1　羊毛衫 CAD 系统功能模块图

二、系统的基本功能

（一）工艺单制作的基本功能

工艺单制作部分实现的主要功能是根据用户输入的特征选择和输入的工艺参数进行计算。程序中设计的特征选择主要分为九大类：款式、领型、袖型、肩型、形状、衫型、上胸宽、做工和服装对象。

(1)款式分为开衫、套衫、背心、裤子和裙子。

(2)领型分为 V 形领、圆领、一字领、小翻领和杏领。

(3)袖型分为斜袖、直袖和马鞍袖。

(4)肩型分为前后肩平收针、后肩收针、记号肩、插肩和马鞍肩。

(5)形状分为 H 形、Y 形和 X 形。

(6)衫型分为直腰、收腰和下腰变化。

(7)上胸宽分为不收上胸宽和收上胸宽。

(8)做工分为快速、精细。

(9)服装对象分为男装、女装和童装。

为了减少用户的输入量,方便用户,特别是一些对羊毛衫不太熟悉的用户,本程序只要求用户输入一些最基本的参数,如规格尺寸、密度等,而将缝耗、收放针、修正值等放到后面的计算公式中,这样可大大节省时间和不必要的重复输入。尺寸输入对话框如图 7 - 2 所示。输入参数后可以得到羊毛衫的工艺制作图,如图 7 - 3 所示。

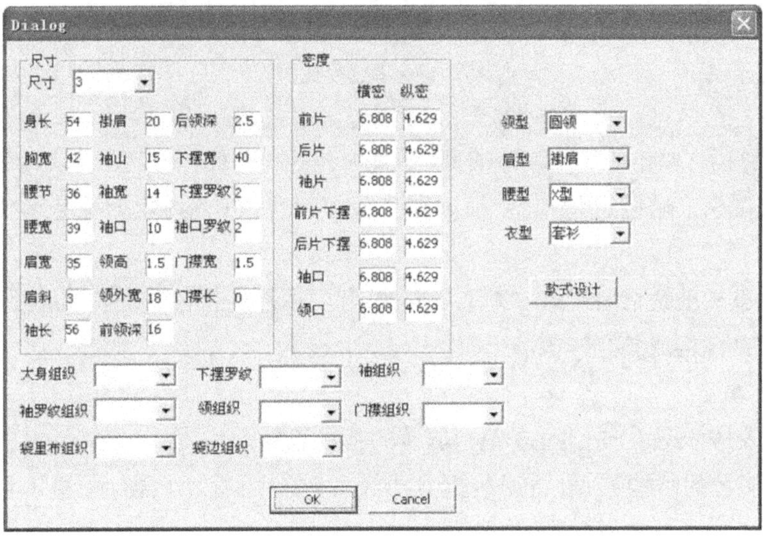

图 7 - 2　尺寸输入对话框

(二)款式设计的基本功能

款式设计是羊毛衫设计的中心任务。羊毛衫款式设计的优劣将直接影响羊毛衫的销售,进而影响企业的经济效益。

羊毛衫的款式多种多样,给计算机辅助羊毛衫款式设计带来了一定的困难。一件羊毛衫大致由领、袖、身等几大部分组成,各组成部分千变万化,形成了各种风格和艺术格调的羊毛衫。但通过调研和查阅资料发现,羊毛衫的领、袖、身基本形状变化不大。因此,可以将不同的领型、袖型、身型作为款式设计的基本绘图图素,设计人员根据需要随时调用这些图素排列组合,即可设计出满意的款式。基于实用性和普遍性的原则,本设计系统采用了几种常

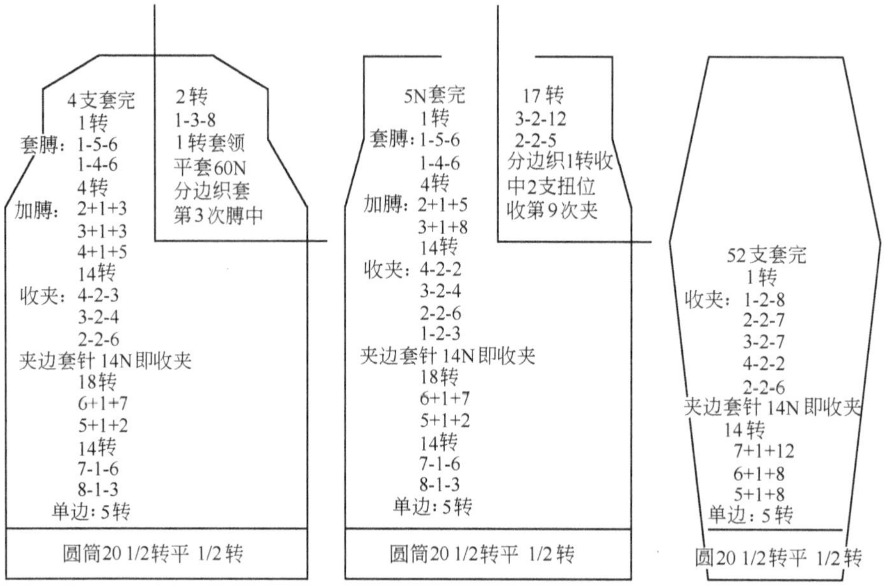

图 7－3　工艺单显示

用的领型（如圆领、V 领、一字领等）、袖型（如直袖、斜袖、平袖）和身型（如 H 型、V 型、X 型）作为基本绘图图素。通过这些领型、袖型和身型的组合，可得到几十种基本类型的羊毛衫款式。

羊毛衫的款式就是借助于人体基型以外的空间，用原料特性和制作工艺手段，塑造一个以人体和原料共同构成的立体服装形象。

1. 设计步骤

（1）根据人体体型，首先建立羊毛衫服装的基本原型。

（2）按照服装的结构特点，将服装拆分成大身（前片、后片）、袖片、领片和口袋等几个部分。

（3）建立各部件原型，以利于对它们进行任意的组合，得到不同的款式。

款式设计的主界面如图 7－4 所示，它具有款式选择及确定、款式效果显示、文字编辑和打印等功能。

2. 系统功能

（1）款式选择及确定。点击款式设计菜单，弹出款式选择对话框。可根据要求选择套衫、开衫、裤子等几大类，并确定设计款式的领型、肩型、身型等。也可以在已有款式的基础上，通过改变基本构件的选择而改变款式。

（2）款式效果图显示。在款式确定对话框中确定了领型、肩型、身型等内容，程序会自动在屏幕中显示由这些基本构件组成的款式并标注尺寸。如果修改了这些内容，也会在屏幕中同时显示。

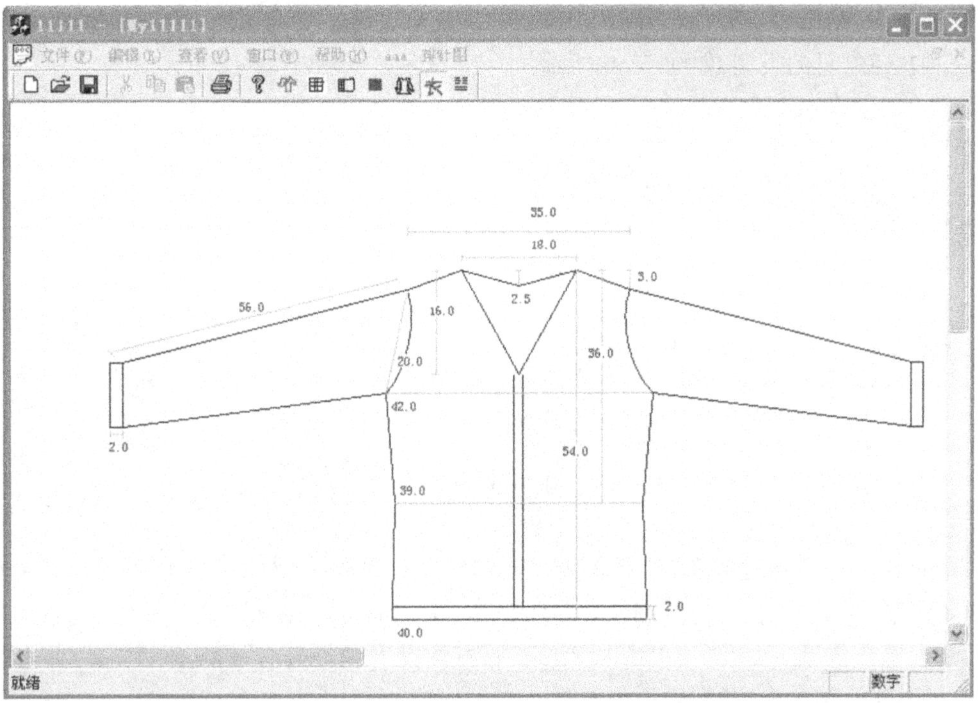

图 7-4 款式设计的主界面

(3)文字编辑功能。由新建、打开、保存、打印等文字服务功能,方便款式的存储及检索。

(三)功能实现

下面首先介绍一下款式栏中的各个基本绘图图素。

1. 领型 在一般羊毛衫的款式设计中,上衣以领为主,同时配以不同形式的前身、袖等。很多羊毛衫上衣的名称都是以领子的形状加以命名的,领是毛衫服装造型中变化最多,最引人注目的部位。款式栏中的领型有 V 型领、杏领、一字领、叠领、小翻领(图 7-5)。

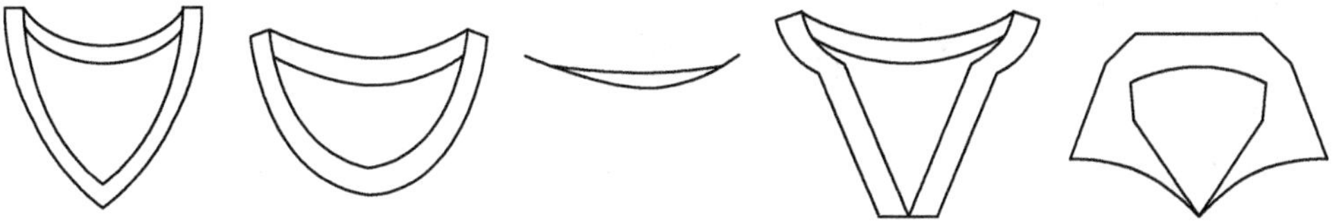

(a) V型领 (b) 杏领 (c) 一字领 (d) 叠领 (e) 小翻领

图 7-5 领型图

2. 前身 羊毛衫的大身设计是款式上衫身外形轮廓的造型设计,设计时必须结合人体体型,并结合毛衫服装造型美的原理来进行。当然,在设计时还必须了解毛衫衫身的流行趋势。一般来说,羊毛衫的衫身有H型、V型、X型和A型四大类,本部分提供了V型、H型和X型三种比较常见的类型,如图7-6所示。

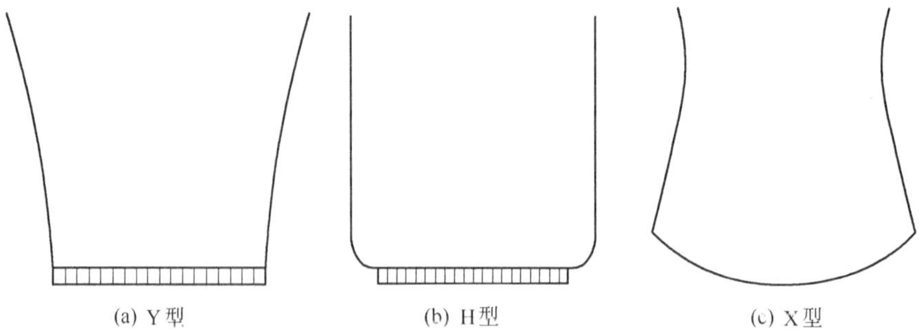

图7-6　前身

3. 袖型　羊毛衫的肩型和袖型的设计对服装效果的影响较大,并且它们是紧密联系在一起的。设计时,如果在工艺单制作中肩型已定,则其袖型也大致被确定了,反之亦然。因此,在设计肩型和袖型时,必须根据款式造型情况将两者的设计有效的结合起来,才能设计出适宜的袖型。基本袖型如图7-7所示。

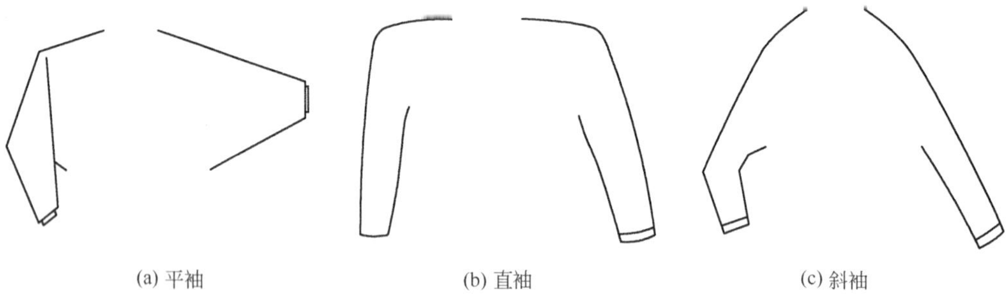

图7-7　袖型

第三节　系统设计的实现

一、建模原理

羊毛衫CAD系统是应用计算机图形学的原理从事羊毛衫款式设计的CAD系统。该系统将传统的款式设计方法和计算机图形显示的直观性结合起来,借助图形等直观东西将设计人员的创造性成果表现出来,方便设计人员对设计方案的合理性作判断。该系统中融入一些计算机智能化的设计方法协助设计,使设计产品变得方便而快捷,从而提高设计效率。这种借助于计算机进行设计的新型设计方法,是为了改变目前我国羊毛衫款式变化慢、品种单一的状况,缩短羊毛衫设计周期而研制的。因此,如何寻找一种有效和合理的系统设计方法,对于研制一套实用的羊毛衫 CAD 系统至关重要。

羊毛衫 CAD 系统实质是模拟人的设计活动,是人设计活动的快捷反应。传统的款式设计方法是:设计人员在脑中先确定好设计款式的领型、身型、肩型、袖型,然后再画在纸上。如果款式不修改了,就确定成品规格尺寸,然后编制衣片编织图。从传统的设计观点来看,成品规格尺寸的确定是属于工艺单设计方面的东西,因此造成成品规格尺寸和款式图分离的现象。也就是说,款式图上的成品标注只是设计人员随手画上的,并不能从中看到尺寸确定的正确性,存在着设计的盲目性。同时,现在很多羊毛衫款式设计系统都是基于构件图形的组合形成款式,可是对于一个传统的设计人员来说,款式构件名称的选择比一系列图形操作形成款式来得更易理解和操作。

因此,本系统突破原有传统设计思路,将款式图和成品规格尺寸图结合起来,使得成品规格尺寸在款式上直观的体现出来。也就是说,尺寸标注图就是现实中款式的缩影,只是在缩影图上标上尺寸。对于款式的确定,本系统采用对话框输入的形式,对话框是处理多数据输入的有效方法,在对话框中只需选择相应的款式名称选项,就可形成一件款式。而其余的工作都在系统内部隐藏完成。

另外,羊毛衫工艺的设计包括很多方面,其中工艺单的制作是把设计人员的设计变成实物的关键的一步,同时,工艺单也是工人上机编织衣片的依据。因此,工艺单的正确性将直接影响到织出来的成衣和设计款式的尺寸规格是否相符,从而影响企业生产的效率和效益。

工艺单的制作要知道衣片各部位的尺寸规格、密度、组织结构以及计算公式,主要设计步骤如图 7-8 所示。同时,在工艺单上写上关键部位的尺寸,以便工人编织时作参考。这些设计方式的确定都是将理论和实际生产结合,以用户为出发点,目的是提高软件的实用性。

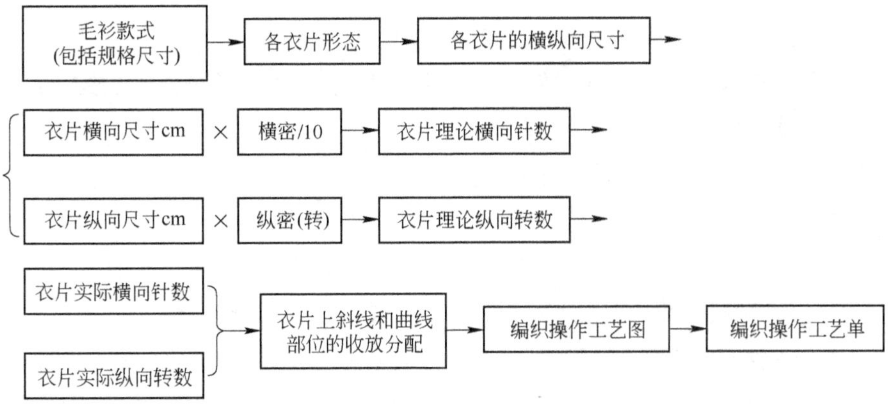

图 7-8 羊毛衫工艺单制作流程

二、羊毛衫 CAD 系统建模过程

在设计系统过程中,以 Visual C++6.0 为平台,运用计算机 C++语言编写可进行款式设计和工艺单制作的程序。对羊毛衫的模拟主要包括以下几个方面。

（一）款式设计建模

在实际生活中，羊毛衫款式设计主要集中在衣领、袖子、前身等方面的设计，其中衣领、袖子、前身等方面就有许多不同的类型，如一字领、杏领、斜袖、H 型前身等。现在以衣领中的杏领为例进行建模。

衣领的设计，关键在于如何按照真实生活中衣领，以一定的比例进行缩小建模。在建模中，衣领是以多少条曲线和直线构成，而对于杏领来说，可以用八条曲线和两条直线来模拟杏领。曲线的程序语句为：

```
POINT p0,p1;float k;
p0.x=340;p0.y=110;p1.x=390;p1.y=160;k=-1;
Spl2(p0, p1, k,pDC);
```

通过确定两个点的坐标和曲率以及计算方法，可以画出相应的曲线，不同的曲线用不同的坐标和曲率来实现。画出直线的程序语句：

```
pDC->MoveTo(x-10,y+10);
pDC->LineTo(x-20,y+12);
```

利用两点的坐标确定一条直线。

（二）工艺单制作建模

工艺单制作也是利用相应的计算公式，获得不同的工艺单数据。用户可以在框架中看到前衣片、后衣片、袖片所需要用到的针数、转数等数据。如图 7-9 所示为后片的工艺参数对话框。

（三）工艺设计的核心算法—收放针分配算法

1. 收放针分配法 羊毛衫收放针分配法主要有四种，即直接分配法、拼凑分配法、交换分配法和程式分配法。

（1）直接分配法又称直接搭配法，是将收针或放针针数和转数进行直接分配，得出分配结果为一段式的分配方法。

（2）拼凑分配法又称拼凑搭配法，这是当收针或放针针数和转数不能直接分配为一段式时，将针、转数进行随机拼凑，得出分配式为二段式或多段式的分配方法。

（3）交换分配法又称交换搭配法，这是当收针或放针针数和转数不能直接分配为一段式时，可以将针转数人为的加上或减去一定数 δ，以便使其能按直接分配法进行分配，在直接分配完成后，再将此人为加上或减去的数 δ 考虑进去，将一段式分配成二段式或多段式进行分配的方法。

（4）程式分配法又称程式搭配法，即先按工艺要求，将收针或放针的分配方式，用含有 X、Y、Z 等未知数的式子来表示。然后，再根据所需收放针的针数或转数来列方程，并通过解此方程得出未知数 X、Y、Z 等的值。将这些未知数的值（有的值需讨论）代入含这些未知

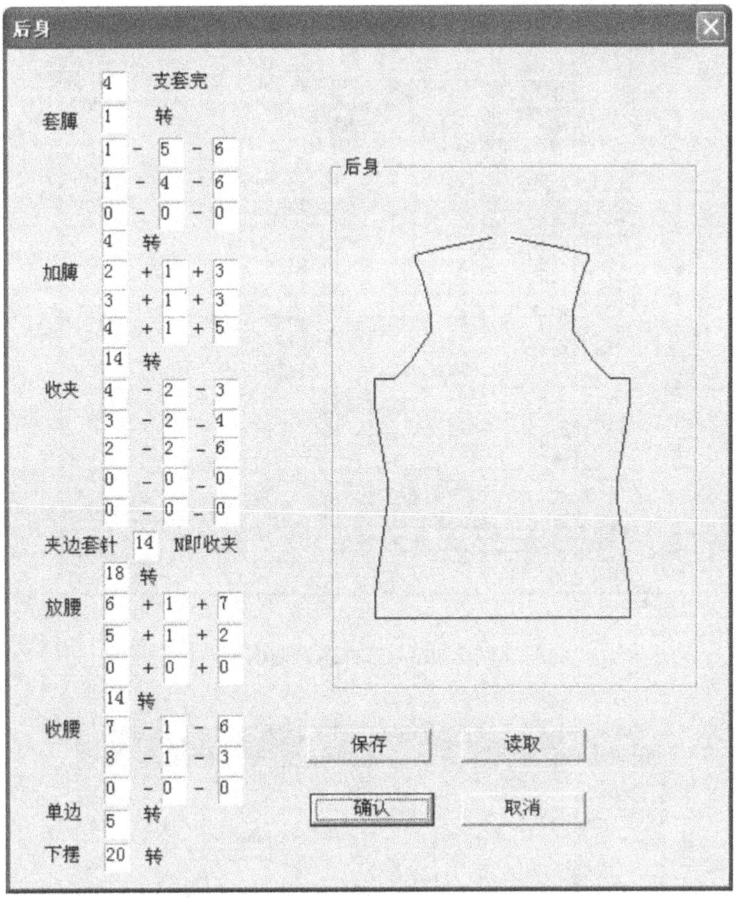

图 7－9　后片的工艺参数对话框

数的搭配式中，便得到了实际收放针的搭配公式。此法对复杂收针或放针分配的场合较为适用。

2. 收放针分配算法　上面介绍的分配法可用计算机来实现。

假设总收针针数为 A，总收针转数为 B，每次收针针数为 N，收针次数为 C，每次收针转数为 D。则可以得出：$C=A/N$，$D=B/C$。其中要求满足 $B*N/A>1$，这样可以保证每次收针转数大于 1，如图 7－10 所示。如果不大于 1，可以增大 N。收放针分配对话框，如图7－11 所示。

(1) 收针次数 C 为整数，每次收针转数 D 不为整数时，程序采用交换搭配法进行搭配，得到收针分配为两段式。具体算法如下：

设 δ 为人为减去的收针转数，$\delta=B$ 除以 C 取余，则每次收针转数为 $D=(B-\delta)/C$。这种情况下的收针分配规律为 $D—N—C$。再考虑减去的 δ，则收针的搭配情况为：

$$(D+1)-N-\delta$$

$$D-N-(C-\delta)$$

(2) 收针数 C 不为整数时，适合采用方程搭配法进行搭配，得到收针分配为三段式，具

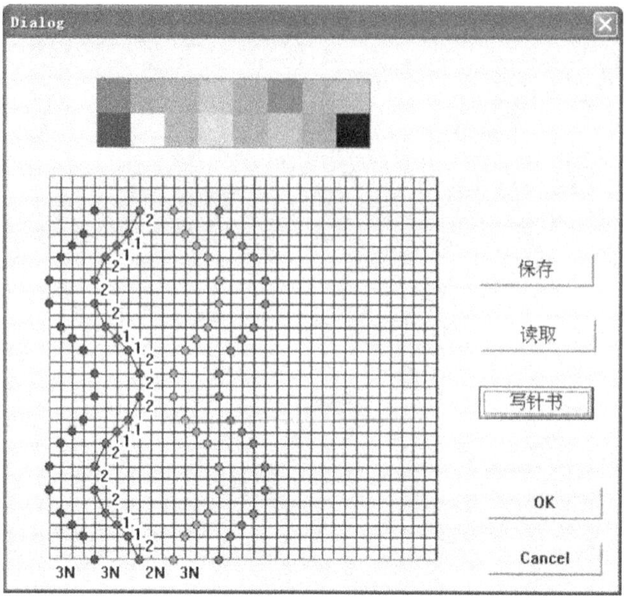

图 7－10　排针图对话框

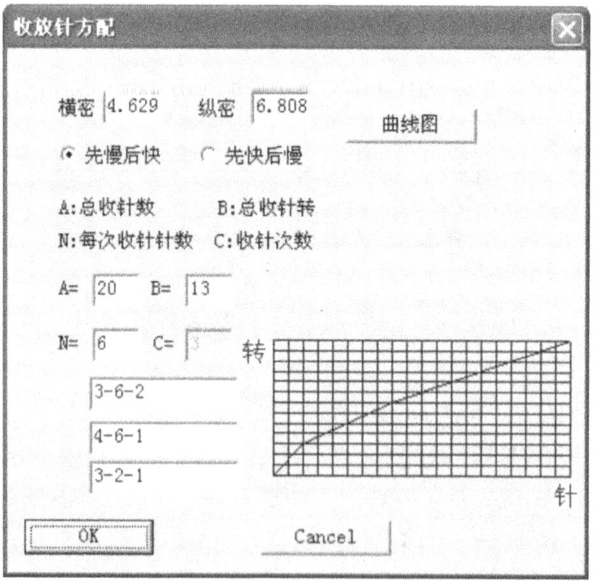

图 7－11　收放针分配对话框

体算法如下：

若前几次收针针数为 N，设最后一次收针次数 $k = A$ 除以 N 取余，对每次收针转数取整得：$I = (\text{int})(B * N/A)$（取整）设每次收针转数为 p 转和 q 转，其中 $p = I, q = I + 1$；则采用的搭配方式为：

$$z - 1 - k$$

$$q-N-y$$

$$p-N-x$$

列方程组得：

$$Nx+Ny+k=A$$

$$px+qy+kz=B$$

若暂将 z 当成已知数，可以解得：

$$x=\frac{qA-NB+Nkz-kq}{Nq-Np}$$

$$y=\frac{NB-Nkz-pA+pk}{Nq-Np}$$

最后讨论 $z=1,2,3,\cdots$ 逐渐增大时，x、y 的值，当 x、y 的值出现负数时，讨论结束。

(3)收针次数 C 为整数，每次收针转数 D 也为整数时，则采取直接搭配法，得到收针分配一段式：$D-N-C$。

收放针程序流程如图 7－12 所示。

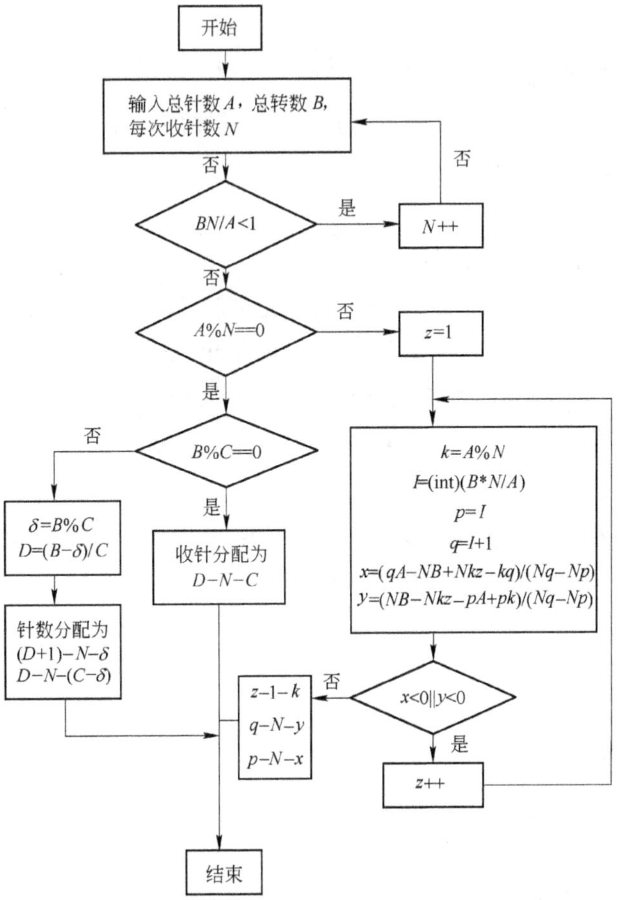

图 7－12　收放针程序流程图

三、计算公式的确定

羊毛衫编织工艺计算是以羊毛衫的成品规格为基础，根据产品的款式、组织结构及各部位的规格尺寸等通过计算公式确定各部位的针数、转数以及收放针数等。因此，计算公式的确定是计算机完成工艺计算的重要环节。

第四节　计算机实现

对于羊毛衫 CAD 系统，不管是款式设计还是工艺单制作，最关键的就是如何在计算机上实现这些功能。下面详细论述羊毛衫 CAD 系统是如何实现的。

一、款式设计的计算机实现

款式设计的内容很多，但是所需要的计算机实现代码其实是差不多的，现以衣领的杏领为例来具体论述计算机实现。

(1)定义两个点 $p0$、$p1$，并且给出曲率 k。

(2)给出两点的坐标，根据曲率的不同，使得产生的弧度不同，获得不同的八条曲线线条。

(3)给定起点和终点，画两条直线。

(4)在图像上确定一点，并且在此点上显示“杏领”两字。

(5)获得杏领图像。

二、工艺单制作的计算机实现

工艺单制作的重要性不言而喻，下面介绍工艺单制作的计算机实现。

(1)定义两个点，根据所给出两点坐标的不同，画出工艺单的框架。

(2)定义两个点，给出曲率，画出前衣片、后衣片、袖子的图像。

(3)根据各种计算方法和公式，获得相应的数据，并且显示在前衣片、后衣片和袖子的图像边上。数据包括针数、转数、长度、宽度等。

(4)画出一个表格，用于显示各部位尺寸的数据，数据显示为公制。

(5)在图像上确定不同的点，用于显示不同的文字及其数据，如款式名称、领型、前身衣长转数等。

(6)获得图像和数据。

三、精细分步计算

精细分步计算的内容很多，但是也和款式设计一样，所使用的代码都差不多，以下是以胸宽的代码。

(1)将已定义好的胸宽等全局变量赋值计算胸宽各数据的函数中的局部变量。

(2)调出相应的窗口，根据不同的需要，可以随时修改函数中的局部变量数值。

(3)调用计算胸宽各个方面各数据的计算方法,得出相应的数据,如胸宽针数等。

(4)将局部变量的数据赋给全局变量。

四、号数规格的计算机实现

号的标准定义的计算机实现代码为:

(1)初始化数据。

(2)根据八种不同的女士型号,用代码确定相应的总体高、上体长、手臂长。

(3)根据七种女士上衣型不同,用代码确定相应的胸围、颈围、总肩宽。

(4)调出需要的窗口。

思考题

1. 试述羊毛衫 *CAD* 系统的应用领域和发展方向?

2. 羊毛衫 *CAD* 系统由哪些模块组成?简述各模块的功能。

3. 说明羊毛衫上机工艺单制作流程。

4. 成形衣片上机工艺单的设计一般有哪几种实现方式?

5. 成形衣片工艺设计中常用曲线的算法一般有哪几种实现方式?

6. 成形衣片的收放针算法有哪几种方式?试介绍收针算法流程。

7. 说明羊毛衫 *CAD* 系统工艺设计的操作步骤。

上机实验

1. 利用本章所给的羊毛衫 CAD 系统的基本设计方法,进行工艺单设计。
2. 运用羊毛衫 CAD 系统设计男女羊毛衫花型各一款。
3. 运用羊毛衫 CAD 系统进行羊毛衫款式设计,并对各个工艺进行成形工艺设计。

参考文献

[1] 韩容.数码纺织与现代设计新技术[J].纺织装饰科技,2002(1):7-11,16.

[2] 裴兆华.纺织装饰品国内外市场动向及预测[J].装饰织物,1995(1):8-11.

[3] Newton and Sarkar B P. An Analysis of Compound Weaves[J]. Text. Inst. ,1979(10):427-438.

[4] 潘寿民.国外新型圆纬机构造调整和使用[M].北京:中国纺织出版社,1992.

[5] 宋广礼,陈颖.纬编提花圆机花型与上机工艺计算机辅助设计系统的探讨[J].针织工业,1995(2):8-12.

[6] 张从弟.提花纹织工艺计算机辅助设计系统功能介绍[J].辽宁丝绸,1998(3):8-13

[7] 田鸿美.织物组织的计算机分类与显示[J].苏州丝绸工学院学报,1991, 11 (2):30-39.

[8] 赵丰.经纬组织学的若干新认识[J].丝绸,1991 (9):14-16.

[9] 张瑞林.织物组织 CAD 的新算法[J].浙江丝绸工学院学报,1991, 8(1):25-31.

[10] 浙江丝绸工学院和苏州丝绸工学院.织物组织和纹织物[M].北京:纺织工业出版社,1981.

[11] 段亚峰.纺织 CAD[M],西安:西北工业大学出版社,2002.

[12] 韦瑞芳,丁寿基.织物组织计算机辅助设计系统[M].纺织学报,1990,11(3):36-39.

[13] 顾平,丁立新.计算机生成双层组织的计算方法一 Kronecher 积的应用[J].苏州丝绸工学院学报,1995, 15(2):28-39.

[14] 顾平,丁立新.计算机生成重组织的计算方法[J].纺织学报,1995, 16 (6):49-52.

[15] 郑飞.分组法进行二重组织计算机辅助设计的数学模型[J].中国纺织大学学报,1997, 23(1):25-30.

[16] 顾平.织物组织的计算机辅助分析与鉴别[J].苏州丝绸工学院学报,1989, 9 (2):35-45.

[17] 陈家汉.纹织物数学模型的研究[J].苏州丝绸工学院学报,1983(1):1-15.

[18] 乐嘉锦,孙志仁.织物组织 CAD 的计算理论[J].中国纺织大学学报,1989, 15 (4):34-40.

[19] 施国生.多臂织物组织设计的数学方法[J].浙江丝绸工学院学报,1989, 6(2):12-17.

[20] Pourdeyhimi B. Programming Techniques in Computer - aided Design of Woven Fabrics [J]. Text. lnst. ,1989, 80(3):391-401.

[21] 邓中明,杨斌.花饰纱线的计算机仿真[J].纺织学报, 1994,15(6):20-22.

[22] 顾尔丹,马凌洲,许端清,等.提花织物外观的计算机模拟生成[J].系统仿真学报,2001,13(3):400-403.

[23] 翁越飞.提花织物的设计与工艺[M].北京:中国纺织出版社,2003.

[24] 浙江丝绸工学院和苏州丝绸工学院.织物组织和纹织物[M].2 版.北京:纺织工业出版社,1981.

[25] Peirce F T. The geometry of cloth structure[J]. Text Inst, 1937,28:45-97.

[26] Peirce F T. Geometrical principles appicable to design of functional fabrics. Text Res J,1947,17:123-147.

[27] 王全瑜.纺织品计算机辅助设计.西安:西北纺织工学院,1993.

[28] 许端清,陈纯.纺织智能 CAD/CAM 系统(CAPSP)的研究与实现[C]//中国青年计算机研究新进展'96:447-451.

[29] 于伟东.纺织物理[M].上海:东华大学出版社,2002.

[30] 许海燕,李讳,冯勋伟.针织基本组织的动态模拟[J].东华大学学报:自然科学版,2001,27(4):88-92.
[31] 夏叶萍,池杰峰.精粗纺呢绒 CAD 系统的研制及产品开发[J].纺织学报,1996,17(1):57-60.
[32] 董玉德,谭建荣.色织物组织计算机设计与分析方法的研究[J].计算机辅助设计与图形学学报,1999,11(1):53-56.
[33] Schneider J H.一种新型的 PC 机 CAD/CAM 织造系统[J].国际纺织导报,1999(3):21-23.
[34] 许吕松.针织工艺与设备[M].北京:中国纺织出版社,1999.
[35] 邓中明,杨斌.复杂组织 CAD[J].陕西纺织,1995(3):44-47.
[36] 夏尚淳.ZD3100 计算机色织物辅助设计系统的开发和应用[J].棉纺织技术,1990,18(2):23-25.
[37] 蒋高明.多梳贾卡拉舍尔经编新技术探讨[J].上海纺织科技,2000,28(2):36-37.
[38] 邓中明,肖军.多梭箱纹链的计算机排列组合编制方法[J].武汉纺织工学院学报,1999,12(1):33-37.
[39] 江开耀.纺织品 CAD/CAM 系统中二值图像的压缩算法[J].西北纺织工学院学报,1992(2):8-14,35.
[40] 邓中明,冯昌.复杂织物的 CAD 系统开发[J].四川纺织科技,2000(1):39-42.
[41] 周腊权.三维计算机辅助设计与纬编针织物的可视化[J].国外纺织技术:纺织针织服装化纤染整,1999(10):10-12.
[42] 徐军.虚拟三维服装研究技术及发展[J].上海纺织科技,2002,30(3):56-58.
[43] 童胡金.影光、泥地画法的计算机实现[J].西北纺织工学院学报,1995,9(1):74-77.
[44] 张祖尧,方圆.圆机电子 3 位置选针机构及其工作原理[J].针织工业,1994(4):23-25.
[45] 史晓丽,耿兆丰.针织三维效果仿真的研究及实现[J].东华大学学报:自然科学版,2003,29(3):47-50.
[46] 修毅.织物三维形态数学模型的建立[J].天津纺织工学院学报,1998,17(2):50-53.
[47] 张长江,许鹤群.绉组织省综设计在微型计算机上的实现[J].中国纺织大学学报,1989,15(1):45-50.
[48] 王晋棠.综论电脑提花圆纬机花型数据转换[J].上海纺织科技,1997,25(1):36-40.
[49] 马凌洲.纺织 CAD/CAM 新系统的研究与实现[D].浙江大学,1997.
[50] 顾尔丹.用计算机模拟机织物的外观[D].浙江大学,2003.
[51] Hollies N R S. Final Report Contract 12 ~ 14 - 100 - 7 183, U S D A, New Orleans ,1965.
[52] Hollies N R S. J Text Inst. , 1989,80(1),1.
[53] Lin H Y and Newton A. Computer Representation of WOVEN Fabric by Using B_Splines, JTI, 1999(1):59-72.
[54] 张瑞林,包晓敏.大循环小花纹组织设计原理及实现方法[J].浙江工程学院学报,2001,18(2).
[55] 任莺,张瑞云,李汝勤.国内外纺织 CAD 发展状况及动向[J].纺织学报,1999, 20,(6):59-61,58.
[56] 夏叶萍,邹忠琴,池杰峰.呢绒 CAD 系统的研制及产品开发[J].上海纺织科技,1995(4):20-23.
[57] 邓中明.多梭箱配位 CAD[J].纺织学报,1999,20(4):252-253,239.

[58] Gu Ping and Ding Lixin. The Mathematical Model for Fabric Design and its Applications, Proc ISF'94, Yokohama, Japan , 1994. 97 - 98.
[59] 邓中明,冯昌. 毛织物 CAD 设计系统研制[J]. 毛纺科技,1999,(4):14 - 17.
[60] 宋玉贤. 服装 CAD 开发新视觉[J]. 纺织学报,1995, 16(5):62 - 66.
[61] 潘鄂青. 针织纬编花型设计 CAD[J]. 针织工业,2003(4)45 - 48.
[62] 吴济宏,邓中明. 滚筒式提花圆机织物的计算机辅助设计系统[J]. 武汉纺织工学院,1997,10(1):43 - 45.
[63] 王晋荣. 电脑提花圆纬机花型数据处理的数学描述[J]. 针织工业,1994(1):1 - 4.
[64] 赵展谊. 辊筒式选针机构提花织物辅助设计[J]. 北京纺织,1995(5):45 - 47.
[65] 王跃存. 织物 CAD/CAM 系统的研究与实践[J]. 天津纺织工学院学报,1998, 17 (2):19 - 22.
[66] 秦卫光,王强,李兰友. 三维服装真实感效果显示研究[J]. 天津纺织工学院学报,1999, 18 (5):20 - 23.
[67] 邓中民,陈明珍,吕红梅. 贾卡提花织物的电脑辅助设计[J]. 纺织学报,2003(5).
[68] 邓中民,吕红梅. 多梳栉经编花边电脑设计系统[J]. 针织工业,2003(3):21 - 22.
[69] 邓中民,吕红梅. 机织物 CAD 系统中的仿真技术[J]. 棉纺织技术,2003(6):5 - 9.
[70] 邓中民,等. 小提花织物电脑设计系统研制[J]. 棉纺织技术,2000(1).
[71] 邓中民,等. 复杂组织的计算机设计系统[J]. 四川纺织科技,2000(1).
[72] 朱李丽,邓中民,李刚炎. 三维服装 CAD 中人体建模综述[J]. 武汉科技学院学报, 2004(1).
[73] 朱李丽,邓中民,李刚炎. 织物组织结构与其光照模型的计算机模拟[J]. 棉纺织技术,2005(1):21 - 23.
[74] 陈立亭,邓中民,严平,等. 经编贾卡织物的一种仿真方法[J]. 武汉科技学院学报, 2007,20(6):10 - 13.
[75] 蒋高明,应卫红. 现代多梳经编机结构原理与产品设计[J]. 针织工业,2001(3):19 - 21.
[76] 马晴,蒋高明. 多梳拉舍尔花边花型设计探讨[J]. 针织工业,2006(5):4 - 7.
[77] 蒋高明. 压纱型多梳经编织物设计方法探讨[J]. 上海纺织科技,2004,32(5):37 - 38.
[78] 刘童花,邓中民,索盈,等. 针织横编羊毛衫设计系统开发[J]. 武汉科技学院学报,2007,20(2):20 - 23.

纺织高职高专“十一五”部委级规划教材

《纺织材料学实验(第二版)》	主编　朱进忠
《棉纺纱线设计与质量控制》	主编　耿琴玉
《纺织染概论(第二版)》	主编　刘　森
《新型纺纱与花式纱线》	主编　肖　丰
《纺织工艺设计与计算》	主编　倪中秀
《纺织计算机应用技术》	主编　苏玉恒
《纺织成本核算与分析》	主编　段文平
《毛纺工程》	主编　平建明
《织造工艺与质量控制》	主编　马　芹
《织物性能与检测》	主编　徐蕴燕
《机织物结构与设计(第二版)》	主编　刘培民
《机织物结构与设计实训教程》	主编　刘培民
《针织工艺学(第二版)》	主编　架庆玉
《羊毛衫生产工艺(第二版)》	主编　丁钟复
《大提花织物设计与开发》	主编　姜淑媛
《家用纺织品设计与工艺》	主编　刘雪燕
《家用纺织品图案设计与应用》	主编　王福文
《家用纺织品织物设计与应用》	主编　杜　群
《家用纺织品》(双语)	主编　王梅珍
《家用纺织品营销》	主编　王　艳
《纺织标准学》	主编　朱进忠
《纺织机械维修技术基础》	主编　穆　征
《纺织 CAD 应用实践》	主编　邓中民
《纺织品外贸跟单实务》	主编　张芝萍
《纺织服装外贸》	主编　王建平
《纺织品市场营销》	主编　王若明
《就业与创业》	主编　孙　俊

工具书

书名	作者	定价(元)
【现代纺织工程】		
纺织品标准应用	吴卫刚等	150.00
丝绸实用小百科	钱小萍	90.00
毛纺织品手册	陈琦等	100.00
棉印染、色织纺织品手册	肖佩华	90.00
麻纺织品手册	李桂珍等	100.00
纺织空调除尘技术手册	黄翔	150.00
纺织品技术规则与国际贸易	编委会	128.00
棉纺手册(第三版)	上海纺织控股(集团)公司《棉纺手册》(第三版)编委会编	230.00
棉织手册(第三版)	江南大学　无锡纺织工程学会《棉织手册》(第三版)编委会编	248.00
无梭织机使用手册	中国纺织机械器材工业协会编	120.00
【其他】		
仙童英汉双解纺织词典(第七版)	[美]托托拉	98.00
英汉纺织工业词汇(合订本)	本书编写组	50.00
英汉纺织服装缩略语词汇	袁雨庭	80.00
日汉纺织工业词汇	本书编写组	60.00
汉英纺织词汇	曹瑞	80.00
现代纺织词典	安瑞凤	35.00
织物词典	本书编写组	65.00
纺织品大全(第二版)	上海纺织工业局	80.00
纺织原料手册(棉分册)	本书编写组	50.00
生态纺织品标准	中国纺织工业协会产业部组织编写	60.00
棉织手册(第二版)(上、下)	本书编写组	30.00/35.00
毛纺织染整手册(第二版)(上、下)	上海毛麻公司	85.00/75.00
毛纺织染整工艺简明手册	本书编写组	25.00
制丝手册(第二版)(合订本)	本书编写组	70.00
丝织手册(第二版)(上、下)	王进岑	148.00
丝绸染整手册(第二版)	陆锦昌等	80.00
针织工业词典	孙锋	68.00
针织工程手册(经编分册)	本书编委会	45.00
针织工程手册(纬编分册)	本书编委会	45.00
针织工程手册(人造毛皮分册)	本书编委会	45.00
针织工程手册(染整分册)	本书编委会	30.00
羊毛衫生产简明手册	孟家光	35.00
威灵顿产业用纺织品手册	[美]S. 阿达纳	100.00

书名	作者	定价(元)
【普通高等教育“十五”国家级规划教材】		
纺织材料学	于伟东	48.00
纺织品设计学	李栋高	46.00
机织学	朱苏康等	38.00
纺纱学	杨锁廷	32.00
针织学	龙海如	32.00
【纺织高等教育“十一五”部委级规划教材】		
纺织品功能性设计	吴坚　李淳	40.00
针织学(第三版)(双语)	宋广礼等译	40.00
【纺织高等教育“十五”部委级规划教材】		
衣用纺织品学	蒋惠钧	35.00
纤维材料学	李栋高	48.00
纺织材料实验技术	余序芬	48.00
纺织品色彩设计	荆妙蕾	35.00
纺织概论	蒋耀兴	45.00
家用纺织品造型与结构设计	沈婷婷	31.00
纺织品 CAD 原理与应用	顾平	40.00
纺纱系统与设备	郁崇文	58.00
纺织工艺设计与质量控制	郁崇文	42.00
纤维材料近代测试技术	潘志娟	48.00
针织服装设计与生产工艺	李津	38.00
丝纺织工艺学	俞加林	56.00
羊毛衫设计与生产工艺	孟家光	45.00
【纺织高等教育教材】		
纺织面料设计	黄翠蓉等	38.00
棉花检验与加工	徐红	38.00
纺织服装营销学	王金泉	36.00
非织造布技术概论	马建伟等	30.00
织物结构与设计(第三版)	蔡陛霞	34.00
纺织产品开发学(第二版)	滑钧凯	38.00
现代测试信号处理理论与实践	段红	30.00
纺织英语(第二版)	黄故	36.00
成形针织产品设计与生产	宋广礼	30.00
【纺织工程专业双语教材】		
纺织品设计手册	[英]杰奎·威尔逊	35.00
机织物组织与设计	聂建斌	34.00
【天津市高校“十五”规划教材】		
现代纺纱技术	杨锁廷	35.00

高校教材

书目：纺织类

高校教材

书名	作者	定价(元)
现代织造技术	郭兴峰	26.00
【纺织机械系列教材】		
纺纱机械	周炳荣	30.00
织造机械	夏金国等	30.00
【其他】		
纺织材料学	姚穆等	28.00
纺织材料实验教程	赵书经	22.00
简明纺织材料学	李亚滨等	18.00
纺织品检验学	蒋耀兴	25.00
纺织企业现代管理	林子务	20.00
纺织商品学	刘建华	25.00
纺织工艺学概论(上、下)	于新安等	18.00/17.00
棉纺工艺原理	陆再生	32.00
棉纺设备	陆再生	28.00
棉织原理	黄故	30.00
棉织设备	黄故	28.00
现代棉纺技术基础	刘国涛	28.00
棉纺织工厂设计	钱鸿彬	35.00
非织造布学	郭秉臣	58.00
针织物组织与产品设计	杨尧栋等	38.00
针织工艺与设备	许吕崧等	30.00
针织工艺概论	赵展谊	15.00
针织物染整	孔繁超	20.00
针织英语	汪黎明	23.00
羊毛衫加工原理与实践(上、下)	邓秀琴	30.00/20.00
针织厂设计	杨尧栋	24.00
针织服装设计基础	桂继烈	25.00
模糊控制技术	刘曙光等	22.00
电气传动控制系统	陈振翼	25.00
实用机构学	沈世德	26.00

职业教育教材

书名	作者	定价(元)
【普通高等教育"十一五"国家级规划教材(高职高专)】		
针织服装设计与生产	贺庆玉	35.00
【纺织高职高专"十一五"部委级规划教材】		
纺织标准学	朱进忠	28.00
织物性能与检测	徐蕴燕	35.00
【全国纺织高职高专规划教材】		
纺织品检验	田恬	36.00

书目：纺织类

职业教育教材

书名	作者	定价(元)
纺织材料	张一心	48.00
纺织品设计	谢光银	46.00
纺纱技术	孙卫国	36.00
织物结构与设计	沈兰萍	36.00
机织技术	刘森等	48.00
【全国纺织高职高专教材】		
纺纱原理	任家智	28.00
织造原理	朱保林	28.00
纺织材料学(第二版)(大专)	姜怀等	24.00
纺材实验	姜怀	15.00
实用纺织商品学(大专)	朱进忠	20.00
纺织厂空调工程(第二版)(大专)	陈民权等	37.00
【纺织职业技术教育教材】		
纺织实验技术	夏志林	34.00
保全钳工(第三版)	杨建成	32.00
纺织机械制图(第四版)	刘培文	40.00
纺织机械制图习题集(第二版)	刘培文	35.00
棉纺工程(第三版)	史志陶	45.00
纺织染概论	刘森	26.00
纺织工艺与设备(上册)	任家智	40.00
纺织工艺与设备(下册)	毛新华	48.00
纺织染专业英语(第二版)	罗巨涛	22.00
针织概论(第二版)	贺庆玉	20.00
针织工艺学(经编分册)	沈雷等	22.00
针织工艺学(纬编分册)	贺庆玉	28.00
针织服装设计	薛福平	24.00
羊毛衫生产工艺	丁钟复	25.00
亚麻纺纱、织造与产品开发	严伟	36.00
纺织机械基础概论	周琪甦	36.00
机织概论(第三版)	吕百熙	25.00
企业管理基础	王毅	30.00
机织学(第二版)(下册)	毛新华	36.00
纺织机械基础知识(第三版)	刘超颖	32.00
【纺织高职高专教育教材】		
纺织测试仪器操作规程	翟亚丽	38.00
【其他】		
纺织材料	徐亚美	25.00

职业教育教材

书名	作者	定价(元)
纺织材料学实验	朱进忠	20.00
棉纺概论(第二版)	唐俊武	16.00
棉纺工艺学(第二版)(上、下)	顾菊英	25.00/25.00
机织学(第二版)(上)	戴继光	38.00
机织物结构与设计	郑秀芝	20.00
毛纺工艺学(上、中、下)	江兰玉	24.00/15.00/24.00
丝织工艺学(上、下)	成都纺校	15.00/16.00
非织造工艺学	言宏远	20.00
绢麻纺概论	吴洁	16.00
新编制丝工艺学	王小英	38.00
新编丝织工艺学	杨懿乐	42.00
机械基础教程	火恩铭	27.00
自动检测与转换技术	邓海龙	15.00
纺织厂空调与除尘	严立三	28.00

生产技术书

书名	作者	定价(元)
【标准宣贯教材】		
《纺织机械噪声测试规范》系列国家标准宣贯教材	孙凉远	28.00
【纺织生产技术工人读本】		
针织大圆机的使用与维护	李志民	20.00
【纺织技工培训教材】		
棉纺织行业织布工(无梭织机)操作指导	中国棉纺织行业协会	15.00
【纺织技工学校教材】		
棉纺基础(第三版)上册	《棉纺基础》编委会	25.00
棉纺基础(第三版)下册	《棉纺基础》编委会	30.00
【现代纺织企业管理丛书】		
后配额时代的国际纺织品贸易	赵京霞	45.00
纺织企业班组管理	陆君伟	20.00
纺织企业现场管理	陆君伟	22.00
纺织服装企业绿色竞争力	吴晓玲	28.00
【纺织生产技术问答丛书】		
纺织印染电气控制技术400问	孙同鑫	26.00
【牛仔布工业丛书】		
牛仔布生产与质量控制	香港理工大学等	34.00
牛仔服装的设计加工与后整理	香港理工大学等	40.00
中国大陆与香港牛仔布工业	香港理工大学等	25.00
WTO与全球牛仔布产品贸易	香港理工大学等	35.00
服装起拱与力学工程设计	香港理工大学等	30.00
服装舒适性与产品开发	香港理工大学等	30.00

书目：纺织类

生产技术书

书　　名	作　　者	定价(元)
【纺织检测知识丛书】		
纺织品检测实务	张红霞	30.00
棉纱条干不匀分析与控制	刘荣清	25.00
电容式条干仪在纱线质量控制中的应用	李友仁	38.00
服用纺织品质量分析与检验	万融	38.00
【纺织产品开发丛书】		
仿真与仿生纺织品	顾振亚等	25.00
新型服用纺织纤维及其产品开发	王建坤	32.00
健康纺织品开发与应用	王进美	30.00
产业用纺织品	杨彩云	15.00
针织大圆机新产品开发	李志民等	28.00
【纺织新技术书库】		
现代准备与织造工艺	郭兴峰	32.00
紧密纺技术	李济群	26.00
新型浆纱设备与工艺	萧汉滨	42.00
纺粘法非织造布	郭合信	32.00
拉舍尔毛毯的质量与检验	何志贵等	26.00
特种功能纺织品的开发	王树根等	26.00
化纤仿毛技术原理与生产实践	张建春等	50.00
防水透气织物舒适性	戴晋明等	35.00
纹织 CAD 应用手册	陈纯等	38.00
织物组织 CAD 应用手册	夏尚淳	35.00
纺织空压技术	李宗耀	42.00
喷气织机使用疑难问题	张俊康	16.00
喷水织造实用技术	裘愉发等	38.00
剑杆织机实用技术	王鸿博等	34.00
棉纺质量控制	徐少范	25.00
纺织新材料及其识别	邢声远等	27.00
纺织纤维鉴别手册(第二版)	李青山	25.00
花式纱线开发与应用	周惠煜等	36.00
织物样品分析与设计	盛明善	26.00
提花织物的设计与工艺	翁越飞	30.00
汽车用纺织品	[英]冯庆祥　迈克·哈德卡斯特尔	38.00
纺织科技前沿	葛明桥等	48.00
功能纤维与智能材料	高洁等	28.00
纺织浆料学	周永元	38.00
生态纺织工程	张世源	35.00

书目：纺织类

生产技术书

书　　名	作　　者	定价(元)
针织新产品设计	万振江	15.00
现代经编工艺与设备	蒋高明	58.00
现代经编产品设计与工艺	蒋高明	52.00
纺织纤维鉴别方法	邢声远	32.00
亚麻生物化学加工与染整	史加强	25.00
织造质量控制	郭嫣	25.00
GA308 型浆纱机原理及使用	汤其伟	18.00
转杯纺系统生产技术	汤龙世	35.00
喷气织机引纬原理与工艺	张平国	30.00
现代精梳生产工艺与技术	周金冠	22.00
喷水织造实用技术 300 问	裘愉发等	35.00
转杯纺实用技术	马克永	26.00
紧密纺技术	李济群	26.00
【新型纺织设备原理与使用丛书】		
剑杆织机原理与使用(第二版)	陈元甫等	30.00
喷气织机原理与使用(第二版)	严鹤群等	38.00
【家用纺织品设计丛书】		
现代家用纺织品的设计与开发	龚建培	50.00
家用纺织品检测手册	吴坚　李淳	40.00
【FA 系列棉纺设备值车操作指导】		
清梳联操作	无锡纺机实验中心	8.00
精梳、并条、粗纱操作	无锡纺机实验中心	8.00
细纱、并纱、倍捻操作	无锡纺机实验中心	8.00
【其他】		
电容式条干仪波谱分析实用手册	肖国兰	65.00
新型织造设备与工艺	毛新华	18.00
新型纺织产品设计与生产	沈兰萍	25.00
电子提花技术与产品开发	李志祥	32.00
电子提花商标机和织带机	李志祥	35.00
织物检验与整理	张振等	15.00
纱疵分析与防治	胡树衡等	14.00
织疵分析(第二版)	过念薪等	20.00
非织造布的性能与测试	郭秉臣	18.00
毛精纺厂各工序设备值车工作法	刘纪营等	26.00
现代纺织复合材料	黄故	18.00
家用纺织品	陈荣生	20.00
精梳毛纺织引进设备值车工作法	李景云	15.00

书目:纺织类

类别	书名	作者	定价(元)
生产技术书	羊毛贸易与检验检疫	周传铭等	40.00
	针织缝纫工艺(第二版)	李世波等	20.00
	横机羊毛衫生产工艺设计	杨荣贤	28.00
	经编弹力织物设计生产与设备	许期颐等	15.00
	新型针织	杨荣贤等	15.00
	关键纺纱器材	荆越	24.00
	最新纺织厂空调技术知识问答	陈民权等	15.00
	实用经编论文选	王道兴	28.00
科普读物	**【纺织高新技术科普丛书】**		
	新型纺织原料	陈运能等	12.00
	新型纺纱	刘国涛等	12.00
	新型织造	高卫东	9.00
	【纺织工业知识丛书】		
	棉纺(第三版)	刘樾身等	16.00
	棉织(第二版)	刘樾身等	12.00
	毛纺	王树惠等	14.00
	现代企业管理	戴昌钧等	12.00
	【其他】		
	棉纺试验(第二版)	刘荣清等	20.00
	复摇整理和生丝检验(第二版)	高振生	19.50
	丝织	詹启芳	10.00
	室内装饰织物(第二版)	李加林等	20.00

中国国际贸易促进委员会纺织行业分会

中国国际贸易促进委员会纺织行业分会成立于1988年，成立十多年来，致力于促进中国和世界各国（地区）纺织服装业的贸易往来和经济技术合作，立足为纺织行业服务，为企业服务，以我们高质量的工作促进纺织行业的不断发展。

➢ 简况

■ **每年举办（或参与）约20个国际展览会**
涵盖纺织服装完整产业链，在中国北京、上海和美国、欧洲、俄罗斯、东南亚、日本等地举办
■ **广泛的国际联络网**
与全球近百家纺织服装界的协会和贸易商会保持联络
■ **业内外会员单位2000多家**
涵盖纺织服装全行业，以外向型企业为主
■ **纺织贸促网www.ccpittex.com**
中英文，内容专业、全面，与几十家业内外网络链接
■ **《纺织贸促》月刊**
已创刊十六年，内容以经贸信息、协助企业开拓市场为主线
■ **中国纺织法律服务网www.cntextilelaw.com**
专业、高质量的服务

➢ 业务项目概览

➢ 中国国际纺织机械展览会（每两年一届、逢双数年在北京举办）
➢ 中国国际纺织面料及辅料博览会（每年分春夏、秋冬两届，分别在北京、上海举办）
➢ 中国国际家用纺织品及辅料博览会（每年举办一届）
➢ 中国国际服装服饰博览会（每年举办一届）
➢ 中国国际产业用纺织品及非织造布展览会（每两年一届，逢双数年举办）
➢ 中国国际纺织纱线展览会（每年举办一届）
➢ 中国纺织品服装贸易展览会（美国纽约）（每年6月份在美国纽约举办）
➢ 中国纺织品服装贸易展览会（德国）（每年在德国举办）
➢ 组织中国服装企业到美国、日本、欧洲及亚洲等其他地区参加各种展览会
➢ 组织纺织服装行业的各种国际会议、研讨会
➢ 纺织服装业国际贸易和投资环境研究、信息咨询服务
➢ 纺织服装业法律服务